校企合作应用型系列教材

玻璃专业实验

GLASS PROCESSING EXPERIMENTS

主　编　王秋芹　葛金龙

副主编　焦宇鸿　孟晓林

参　编　王金磊　金效齐　高慧阳

U0190442

中国科学技术大学出版社

内 容 简 介

本书内容涉及玻璃原料的检测、玻璃原料全分析、玻璃生产过程的检测与控制、玻璃制品的性能检测、玻璃工艺综合实验及对玻璃进行改性等多个方面,实验步骤采用国家标准和行业、企业采用的分析方法,与玻璃研究和生产实际使用的方法一致。在编写实验过程中,本书充分考虑了实验项目的针对性和实用性,旨在锻炼无机非金属材料工程专业学生的综合实验能力,将企业的研发项目融入实验项目中,强化学生工程实践能力的培养,满足企业对应用型人才的培养需求。

本书可作为高等学校无机非金属材料工程(玻璃方向)专业的实验课程教学用书,也可作为职业教育相关专业教学参考书,还可供从事玻璃研究和生产的科研工作者及工程技术人员参阅。

图书在版编目(CIP)数据

玻璃专业实验/王秋芹,葛金龙主编. —合肥:中国科学技术大学出版社,2023.10
ISBN 978-7-312-05626-0

Ⅰ. 玻… Ⅱ. ① 王… ② 葛… Ⅲ. 玻璃—化学工业—化学实验
Ⅳ. TQ171-33

中国国家版本馆 CIP 数据核字(2023)第 086200 号

玻璃专业实验
BOLI ZHUANYE SHIYAN

出版	中国科学技术大学出版社
	安徽省合肥市金寨路 96 号,230026
	http://press.ustc.edu.cn
	https://zgkxjsdxcbs.tmall.com
印刷	安徽国文彩印有限公司
发行	中国科学技术大学出版社
开本	710 mm×1000 mm 1/16
印张	14
字数	298 千
版次	2023 年 10 月第 1 版
印次	2023 年 10 月第 1 次印刷
定价	39.00 元

前　　言

　　玻璃专业实验在玻璃的基础研究和生产实践中起着重要的作用。玻璃结构理论的发展,玻璃制品质量的提高,玻璃生产工艺的改进,玻璃新品种的开发,都与玻璃专业实验有关。

　　本书是在笔者多年实践教学的基础上,吸收借鉴国内外新的测试方法、标准以及研究成果并结合国内有关实验仪器设备的实际,在教育部对高等学校本科专业调整后,根据大幅拓宽培养学生的创新能力和加强训练动手能力的要求编写而成的。因此,在本书编写过程中,根据教学改革要求,特别增加了设计性实验和综合性实验内容,其目的主要是对学生进行实验方案设计发挥指导作用,为学生较早地参加科研和开展创新活动创造条件,符合工程教育专业认证对本专业的要求,也为相关工程技术人员进入工业界从业提供预备教育和质量保证。通过本书的学习,学生对玻璃科学研究工作能有进一步的了解和更加深刻的认识,以此提高动手能力和分析、解决工程实践问题的能力。

　　本书由王秋芹、葛金龙担任主编,焦宇鸿、孟晓林担任副主编,王秋芹负责统稿。在编写过程中,还参考了很多实验教材和文献,在此对相关作者表示深切的谢意。同时,本书还获得浮法玻璃新技术国家重点实验室、海控三鑫(蚌埠)新能源材料有限公司等技术单位、企业的支持,在此向他们表示衷心的感谢。

　　由于编者水平有限,经验不足,书中难免存在不妥之处,敬请专家和读者批评指正。

编　者
2023 年 3 月

目　　录

前言 ……………………………………………………………………（ⅰ）

实验一　玻璃中二氧化硅的测定 …………………………………（1）

实验二　玻璃中氧化铁的测定 ……………………………………（3）

实验三　玻璃中氧化钙的测定 ……………………………………（5）

实验四　玻璃中氧化铝的测定 ……………………………………（7）

实验五　玻璃中二氧化钛的测定 …………………………………（9）

实验六　玻璃中氧化镁的测定 ……………………………………（11）

实验七　玻璃中三氧化硫的测定 …………………………………（13）

实验八　平板玻璃中微量硒的测定 ………………………………（15）

实验九　玻璃原料粒度测定方法 …………………………………（18）

实验十　玻璃配合料均匀度的测定 ………………………………（20）

实验十一　玻璃内应力的测定 ……………………………………（23）

实验十二　玻璃热稳定性的测定 …………………………………（27）

实验十三　玻璃折射率的测定 ……………………………………（30）

实验十四　玻璃密度的测定 ………………………………………（35）

实验十五　玻璃退火温度的测定 …………………………………（39）

实验十六　玻璃析晶温度的测定 …………………………………（42）

实验十七　石英玻璃软化点的测定 ………………………………（45）

实验十八　玻璃线膨胀系数的测定 ………………………………（49）

实验十九　玻璃化学稳定性的测定 ………………………………（51）

实验二十　玻璃瓶耐冲击强度测定 ………………………………（55）

实验二十一　玻璃透射光谱曲线的测定 …………………………（58）

实验二十二　玻璃介电损耗和介电常数的测定 …………………（61）

实验二十三　玻璃表面张力的测定 ………………………………（65）

实验二十四　玻璃导热系数的测定 ……………………………………（68）

实验二十五　质谱法分析玻璃中的气泡成分 ………………………（71）

实验二十六　拉曼光谱分析玻璃的结构 ……………………………（75）

实验二十七　玻璃表面硬度的测定 …………………………………（78）

实验二十八　椭圆偏振光谱仪测量薄膜的厚度和折射率 …………（83）

实验二十九　玻璃材料弹性模量、剪切模量和泊松比的测量 ………（87）

实验三十　玻璃风化和表面析出物的测定 …………………………（91）

实验三十一　中高值玻璃黏度测定 …………………………………（96）

实验三十二　玻璃表面清洁及清洁度测定 …………………………（100）

实验三十三　玻璃熔制成形实验 ……………………………………（106）

实验三十四　玻璃工艺设计研究型实验 ……………………………（111）

实验三十五　玻璃管（棒）的加工 ……………………………………（119）

实验三十六　玻璃的彩饰工艺实验 …………………………………（121）

实验三十七　玻璃制品低温整体着色 ………………………………（125）

实验三十八　气泡玻璃的制备 ………………………………………（127）

实验三十九　泡沫玻璃的制备 ………………………………………（129）

实验四十　泡沫玻璃的性能表征 ……………………………………（131）

实验四十一　泡沫微晶玻璃的制备与性能研究 ……………………（134）

实验四十二　风冷钢化玻璃的加工及性能检测 ……………………（138）

实验四十三　化学钢化玻璃及性能测试 ……………………………（148）

实验四十四　钢化玻璃的抗冲击性能测试 …………………………（150）

实验四十五　钢化玻璃性能检测 ……………………………………（153）

实验四十六　镀膜钢化玻璃膜层厚度、色差的测定 …………………（156）

实验四十七　镀膜钢化玻璃附着力的测定 …………………………（160）

实验四十八　多孔玻璃的制备及性能测试 …………………………（162）

实验四十九　空心玻璃微珠的制备 …………………………………（164）

实验五十　空心玻璃微珠抗压强度的检测 …………………………（167）

实验五十一　低熔点玻璃封接粉的制备 ……………………………（172）

实验五十二　玻璃表面研磨抛光实验 ………………………………（174）

实验五十三　玻璃表面化学蒙砂 ……………………………………（179）

实验五十四　玻璃封接工艺及性能检测 …………………………………… (181)

实验五十五　彩色微晶玻璃的制备及性能检测 …………………………… (185)

实验五十六　高温固相法制备硅酸盐长余辉发光材料 …………………… (187)

实验五十七　发光功能玻璃的制备与光谱学性能分析 …………………… (189)

实验五十八　玻璃纤维的制备 ……………………………………………… (199)

实验五十九　磁控溅射法制备镀膜玻璃 …………………………………… (203)

实验六十　刻蚀法制备具有减反增透和超疏水性质的玻璃表面 ……… (206)

实验六十一　喷雾干燥法制备生物玻璃微球 ……………………………… (208)

实验六十二　溶胶-凝胶法制备 SiO_2 透明超疏水涂层 ………………… (210)

实验六十三　溶胶-凝胶法制备介孔生物活性玻璃及表征 ……………… (212)

参考文献 ……………………………………………………………………… (215)

实验一　玻璃中二氧化硅的测定

一、实验目的

(1) 理解玻璃中二氧化硅的作用。

(2) 掌握氟硅酸钾容量法测定二氧化硅的方法。

二、实验原理

试样经碱熔融,将不溶性二氧化硅转为可溶性硅酸盐。在硝酸介质中与过量的钾离子、氟离子作用,定量地生成氟硅酸钾(K_2SiF_6)沉淀。沉淀在热水中水解,相应地生成等量氢氟酸。生成的氢氟酸用氢氧化钠标准溶液滴定,以此求出试样中的二氧化硅含量。

$$SiO_3^{2-} + 6F^- + 6H^+ \longrightarrow SiO_6^{2-} + 3H_2O$$

$$SiF_6^{2-} + 2K^+ \longrightarrow K_2SiF_6 \downarrow$$

$$K_2SiF_6 + 3H_2O \longrightarrow 2KF + H_2SiO_3 + 4HF$$

$$HF + NaOH = NaF + H_2O$$

三、实验仪器与试剂材料

仪器:低温电炉、滴定仪器。

试剂材料:氢氧化钾、氯化钾、浓硝酸、盐酸(1+1)、氟化钾、乙醇、氢氧化钠标准溶液、酚酞。

四、实验步骤

(1) 称取 0.1 g 左右试样于镍坩埚中,并加 2 g 左右氢氧化钾,置于低温电炉中熔融;反复摇动坩埚,在 600~650 ℃下继续熔融 15~20 min;旋转坩埚,使熔融物均匀地附着在坩埚内壁上。冷却后,用热水浸取熔融物于 300 mL 塑料杯中,盖上表面皿。

(2) 一次加入 15 mL 浓硝酸,再用少量盐酸(1+1)及水冲洗坩埚,控制体积在 60 mL 左右,冷却至室温。

(3) 在搅拌下加入固体氯化钾至过饱和,再加入 10 mL 氟化钾,用塑料棒搅拌,放置 7 min,用涂蜡的玻璃漏斗及快速定性滤纸过滤,用 5% 氯化钾水溶液洗涤塑料杯 2～3 次,洗涤滤纸 1 次。

(4) 将滤纸及沉淀放回到原塑料杯中,沿杯壁加入 10 mL 的 15%氯化钾-乙醇溶液及 1 mL 酚酞指示剂。

(5) 用 0.15 mol/L 氢氧化钠标准溶液中和未洗净的残余酸,仔细搅拌滤纸,并擦洗杯壁,直至试液呈微红色不消失状。

(6) 加入 200～250 mL 中和过的沸水,立即以 0.15 mol/L 氢氧化钠标准溶液滴定至微红色。记录所用氢氧化钠标准溶液体积 V。

五、数据记录与数据处理

二氧化硅百分含量按下式计算:

$$w_{SiO_2} = \frac{T_{SiO_2} \times V}{G \times 1000} \times 100\%$$

式中:

w_{SiO_2}——二氧化硅的质量分数,%;

V——滴定时消耗氢氧化钠标准溶液的体积,mL;

G——试样重量,g;

T_{SiO_2}——氢氧化钠标准溶液对二氧化硅的滴定度,mg/mL。

六、思考题

(1) 二氧化硅对玻璃性能有何影响?

(2) 实验过程中应注意什么问题?

实验二　玻璃中氧化铁的测定

一、实验目的

(1) 理解玻璃中氧化铁的作用。

(2) 掌握邻菲罗啉比色法测定玻璃中氧化铁的含量。

二、实验原理

邻菲罗啉,又称二氮杂菲,分子式为 $C_{12}H_8N_2$,由二氮菲的相间苯环上彼此相距最近的两个碳原子被两个氮原子取代而成。在 $pH=1.5\sim9.5$ 的条件下,三个分子的邻菲罗啉可通过 6 个氮原子环绕一个 Fe^{2+} 离子形成极为稳定的橘红色配合物 $[(C_{12}H_8N_2)_3Fe]^{2+}$。通过比色法即可测定铁含量。

在显色前,首先要用抗坏血酸或盐酸羟胺在 $pH=5\sim6$ 的条件下,将 Fe^{3+} 离子还原为 Fe^{2+} 离子。反应式为

$$4Fe^{3+} + 2NH_2OH \longrightarrow 4Fe^{2+} + N_2O + H_2O + 4H^+$$

橘红色配合物溶液的吸光度与溶液中铁的浓度成正比,用分光光度计测定溶液的吸光度,然后在已绘制的 Fe_2O_3 工作曲线上查其相应的 Fe_2O_3 浓度,即可求得试样中 Fe_2O_3 的质量百分数。

三、实验仪器与试剂材料

仪器:低温电炉、721 分光光度计。

试剂材料:40% 氢氟酸、$H_2SO_4(1+1)$、$HCl(1+1)$、$NH_3 \cdot H_2O(1+1)$、酒石酸溶液 (10 g/100 mL)、邻菲罗啉溶液 (0.1 g/100 mL)、对硝基苯酚指示剂溶液 (0.5 g/100 mL)、氧化铁标准溶液 (每毫升含 0.02 mg Fe_2O_3)。

四、实验步骤

1. 实验溶液的制备

准确称取约 0.5 g 试样,置于铂皿中,用少量水润湿,加入 1 mL $H_2SO_4(1+1)$ 和 25 mL 氢氟酸于低温电炉上蒸发至三氧化硫冒白烟,逐渐升高温度至三氧化硫白烟冒尽,加入 5 mL $HCl(1+1)$ 及少量水,在电炉上加热溶解,冷却,后移入 250 mL 容量瓶中,用水稀至刻度,摇匀,记为溶液 A。用其测定三氧化二铁、三氧

化二铝、二氧化钛、氧化钙、氧化镁。

2．工作曲线的绘制

取 0 mL、1.0 mL、3.0 mL、5.0 mL、7.0 mL、9.0 mL、11.0 mL Fe₂O₃ 标准溶液（每毫升含 0.02 mg Fe₂O₃），分别放入一组 100 mL 容量瓶中，用水稀释至 40～50 mL。加 4 mL 酒石酸溶液（10 g/100 mL），1～2 滴对硝基酚指示剂，滴加 NH₃·H₂O(1＋1) 至溶液呈黄色，随即滴加 HCl(1＋1) 至溶液刚好无色，此时溶液 pH 近似为 5。加 2 mL 盐酸羟胺溶液（10 g/100 mL）和 10 mL 邻菲罗啉溶液（0.1 g/100 mL），用水稀释至标线，摇匀。此即为标准比色溶液系列。放置 20 min后，于分光光度计上，以空白试剂作参比，选用 1 cm 比色皿，在波长 510 nm 处测定溶液的吸光度，按测得的吸光度与标准比色溶液浓度的关系绘制工作曲线。

3．实验溶液的测定

吸取 25 mL 试液 A 于 100 mL 容量瓶中，用水稀释至 40～50 mL，以下分析步骤与工作曲线的绘制相同。测定吸光度，从工作曲线上查询得相应的 Fe₂O₃ 浓度。

五、数据记录与数据处理

1．数据记录

数据记录见表 2.1。

表 2.1　绘制 Fe₂O₃ 工作曲线记录表

Fe₂O₃标准溶液浓度(mg/L)	0.02						
容量瓶编号	1	2	3	4	5	6	7
吸取 Fe₂O₃ 标准溶液体积(mL)							
Fe₂O₃标准比色溶液浓度(mg/L)							
吸光度 A							

2．数据处理

试样中 Fe₂O₃ 的百分含量按下式计算：

$$w_{Fe_2O_3} = \frac{c \times 10}{m \times 1000} \times 100\%$$

式中：

$w_{Fe_2O_3}$——氧化铁的质量分数，%；

c——在工作曲线上查得每 100 mL 被测溶液中 Fe₂O₃ 的含量，mg；

10——全部实验溶液与所取实验溶液的体积比；

m——试样的质量，g。

六、思考题

(1) Fe₂O₃ 对玻璃有什么危害？

(2) 玻璃中铁的来源有哪些？怎样除去铁？

实验三　玻璃中氧化钙的测定

一、实验目的

(1) 掌握玻璃中氧化钙含量的测定方法。

(2) 学习用 EDTA 配位滴定法测定玻璃中氧化钙含量的操作过程。

二、实验原理

钙的络合滴定需要在碱性条件下进行。钙离子与酸性铬蓝 K 指示剂络合生成红色络合物,该有色络合物不如 EDTA 与钙离子形成的无色络合物稳定。因此,用 EDTA 标准溶液进行滴定时,酸性铬蓝 K 络合的钙离子逐步被 EDTA 夺取,当钙离子全部被 EDTA 络合后,指示剂游离出来呈现蓝色,表示滴定达到终点。其化学方程式表示为

$$\text{Ca-酸性铬蓝 K} + \text{EDTA} \longrightarrow \text{Ca-EDTA} + \text{酸性铬蓝 K}$$
$$\text{(红色)} \qquad\qquad\qquad\qquad\qquad\qquad \text{(蓝色)}$$

三、实验仪器与试剂材料

仪器:滴定设备。

试剂材料:三乙醇胺($C_6H_{15}NO_3$,$1+1$)、氢氧化钾溶液($200\ \text{g/L}$)、EDTA 标准滴定溶液($0.01\ \text{mol/L}$)、钙黄绿素－甲基百里香酚酞混合指示剂(简称 CMP 混合指示剂:称取 $1.000\ \text{g}$ 钙黄绿素、$1.000\ \text{g}$ 甲基百里香酚蓝、$0.200\ \text{g}$ 酚酞与 $50\ \text{g}$ 已在 $105\sim110\ ℃$ 烘干过的硝酸钾,在玛瑙研钵中仔细研磨混匀,贮存于磨口棕色瓶中);盐酸羟胺($NH_2OH\cdot HCl$)。

四、实验步骤

移取 $25.00\ \text{mL}$ 试液 A(见实验二　玻璃中氧化铁的测定)于 $300\ \text{mL}$ 烧杯中,用水稀释至约 $150\ \text{mL}$,加少量盐酸羟胺,再加 $3\ \text{mL}$ 三乙醇胺,滴加氢氧化钾溶液至溶液 pH 近似为 12,再加 $2\ \text{mL}$ 氢氧化钾溶液。加入适量 CMP 混合指示剂,用 EDTA 标准滴定溶液滴定至绿色荧光完全消失并呈现红色。

五、数据记录与数据处理

1. 数据记录

数据记录见表 3.1。

表 3.1 实验数据记录表

玻璃质量(g)	c_{EDTA}(mol/L)	起始读数(mL)	终点读数(mL)	V_{EDTA}(mL)	CaO%

2. 数据处理

氧化钙的质量分数(w_{CaO})按下式计算:

$$w_{CaO} = \frac{c_{EDTA} \times V_{EDTA} \times 56.08 \times 10}{m \times 1000} \times 100\%$$

式中:

w_{CaO}——氧化钙的质量分数,%;

c_{EDTA}——EDTA 标准滴定溶液的浓度,mol/L;

V_{EDTA}——滴定氧化钙时消耗 EDTA 标准溶液的体积,mL;

56.08——CaO 的摩尔质量,g/mol;

m——试样的质量,g。

六、思考题

(1) 氧化钙在玻璃中主要起什么作用?

(2) 滴定前加入盐酸,再加入三乙醇胺的作用是什么?

实验四　玻璃中氧化铝的测定

一、实验目的

(1) 了解玻璃中氧化铝的作用。
(2) 掌握测定玻璃中氧化铝含量的方法。

二、实验原理

EDTA-锌盐回滴法测定 Al_2O_3 是在酸性溶液中进行的,加入过量的 EDTA 标准滴定溶液,加热煮沸,使 Fe^{3+}、Al^{3+}、TiO^{2+} 完全和 EDTA 配合,冷至室温,再将溶液调至 pH = 5.5~5.8,以二甲酚橙为指示剂,用 $Zn(Ac)_2$ 标准滴定溶液反滴定剩余的 EDTA,溶液由黄色变为红色即为终点。此法测得的结果为铁、铝、钛的含量。

三、实验仪器与试剂材料

仪器:滴定仪器。

试剂材料:$NH_3·H_2O$、二甲酚橙指示剂溶液(0.2 g/100 mL)、六次甲基四胺-盐酸缓冲溶液(pH = 5.5)、0.01 mol/L EDTA 标准滴定溶液、0.01 mol/L $Zn(Ac)_2$ 标准滴定溶液。

四、实验步骤

吸取 25 mL 实验溶液 A(见实验二　玻璃中氧化铁的测定)于 300 mL 烧杯中,用滴定管准确加入 10 mL 0.01 mol/L 的 EDTA 标准滴定溶液,以 $NH_3·H_2O$ (1+1)调节溶液 pH 至 3~3.5,煮沸 2~3 min,冷却至室温,用水稀释至 200 mL 左右。加 5 mL 六次甲基四胺 – 盐酸缓冲溶液(pH =5.5)和 3~4 滴二甲酚橙指示剂,用 0.01 mol/L 的 $Zn(Ac)_2$ 标准滴定溶液滴定至溶液由黄色变为红色。

五、数据记录与数据处理

1. 数据记录
数据记录见表 4.1。

表 4.1 实验数据记录表

	A 法				B 法			
	1	2	3	4	1	2	3	4
试料的质量 m(g)								
分取实验的体积(mL)								
加入 EDTA 溶液体积 V_1(mL)								
消耗 Zn(Ac)$_2$ 溶液体积 V_2(mL)								
w_{TiO_2}								
K								
T_{EDTA/Al_2O_3} (g/mL)								
结果(%)								
平均值(%)								

2. 数据处理

试样中 Al$_2$O$_3$ 的百分含量按下式计算：

$$w_{Al_2O_3} = \frac{T_{EDTA/Al_2O_3}(V_1 - KV_2) \times 10}{m} \times 100\% - (0.64 w_{TiO_2} + 0.64 w_{Fe_2O_3})$$

式中：

T_{EDTA/Al_2O_3}——每毫升 EDTA 标准滴定溶液相当于 Al$_2$O$_3$ 的克数, g/mL；

V_1——加入 EDTA 标准溶液的体积, mL；

V_2——滴定时消耗 Zn(Ac)$_2$ 标准滴定溶液的体积, mL；

K——滴定时消耗 Zn(Ac)$_2$ 标准滴定溶液相当于 EDTA 标准滴定溶液的毫升数；

10——全部实验溶液与所分取实验溶液的体积比；

0.64——Fe$_2$O$_3$(或 TiO$_2$)对 Al$_2$O$_3$ 的换算系数, 即 101.96/159.7；

w_{TiO_2}——试样中 TiO$_2$ 的质量分数；

$w_{Fe_2O_3}$——试样中 Fe$_2$O$_3$ 的质量分数；

m——试样的质量, g。

六、思考题

（1）Al$_2$O$_3$ 对玻璃的性能有何影响？

（2）实验过程中应注意哪些事项？

实验五　玻璃中二氧化钛的测定

一、实验目的

(1) 掌握二安替比啉甲烷分光光度法测量玻璃中二氧化钛的含量。

(2) 了解玻璃中二氧化钛的作用。

二、实验原理

在硅酸盐玻璃中，一部分 TiO_2 以钛氧四面体[TiO_4]进入网络结构中，一部分以八面体处于网络结构外。TiO_2 可以提高玻璃的折射率和化学稳定性，增加吸收 X 射线和紫外线的能力。在含有 Al_2O_3、B_2O_3、MgO 的硅酸盐玻璃中，TiO_2 在低温时容易失透。TiO_2 常用于制造高折射率的光学玻璃、吸收 X 射线和紫外线的防护玻璃和作为铝硅酸盐微晶玻璃的成核剂。

三、实验仪器与试剂材料

仪器：7200-紫外可见分光光度计。

试剂材料：焦硫酸钾($K_2S_2O_7$)、盐酸(HCl,1+2)、硫酸(H_2SO_4,1+1)、抗坏血酸溶液(10 g/L)[称取 1 g 抗坏血酸($C_6H_8O_6$)溶于 100 mL 水中(使用时现配制)]、二氧化钛。

四、实验步骤

1. 二氧化钛标准溶液的制备

准确称取 0.10 g 预先经 800～950 ℃灼烧 1 h 的二氧化钛(TiO_2,光谱纯试剂)于铂坩埚中，加约 3 g 焦硫酸钾，先在低温电炉上熔融，再移至喷灯上熔至呈透明状态。放冷后，用 20 mL 热硫酸浸取熔块于预先盛有 80 mL 硫酸的烧杯中，加热溶解，冷却后，移入 1 L 容量瓶中，用水稀释至标线，摇匀，得到 0.10 mol/L 的二氧化钛标准溶液。

移取 100.00 mL 的 0.10 mol/L 的二氧化钛标准溶液于 1 L 容量瓶中，用水稀释至标线，摇匀，得到 0.010 mol/L 的二氧化钛标准溶液。

2. 标准曲线的绘制

移取 0 mL、1.0 mL、3.0 mL、5.0 mL、7.0 mL、9.0 mL 二氧化钛标准溶液

（0.010 mol/L），分别放入一组 100 mL 容量瓶中，依次加入 10 mL 盐酸（1＋2）、10 mL 抗坏血酸溶液、20 mL 二安替比啉甲烷溶液，用水稀释至标线，摇匀。放置 40 min 后，于分光光度计上，以空白试剂作参比，选用 2 cm 比色皿，在波长 430 nm 处测定溶液的吸光度，按测得的吸光度与比色溶液浓度的关系绘制标准曲线。

3. 实验溶液的测定

移取 50.0 mL 试液 A（见实验二　玻璃中氧化铁的测定）于 100 mL 容量瓶中，依次加入 10 mL 盐酸（1＋2），10 mL 抗坏血酸溶液，20 mL 二安替比啉甲烷溶液，用水稀释至标线，摇匀。放置 40 min 后，于分光光度计上，以空白试剂作参比，选用 2 cm 比色皿，在波长 430 nm 处测定溶液的吸光度，从标准曲线上查得所分取试液中二氧化钛的含量 c。

五、数据记录与数据处理

1. 数据记录

数据记录见表 5.1。

表 5.1　绘制 TiO_2 工作曲线记录表

TiO_2 标准溶液浓度（mg/L）	0.010					
容量瓶编号	1	2	3	4	5	6
吸取 TiO_2 标准溶液体积（mL）						
TiO_2 标准比色溶液浓度（mg/L）						
吸光度 A						

2. 数据处理

试样中 TiO_2 的百分含量按下式计算：

$$w_{TiO_2} = \frac{c \times 5}{m \times 1000} \times 100\%$$

式中：

w_{TiO_2}——二氧化钛的质量分数，%；

c——在标准曲线上查得所分取试液中二氧化钛的含量，mg；

m——试样的质量，g。

六、思考题

（1）普通玻璃中 TiO_2 对玻璃有什么危害？

（2）如何去除玻璃中的钛？

实验六 玻璃中氧化镁的测定

一、实验目的

(1) 掌握配位滴定法测定玻璃中的离子。
(2) 掌握减量法的实验原理和方法。

二、实验原理

玻璃中添加氧化镁可有效控制玻璃液的硬化速度和析晶性能,主要是玻璃的高温物理性能,同时改善玻璃的熔化性能,起助熔作用。控制硬化速度,可适应高速成形需求——在较短时间内黏度加大变硬;控制析晶性能,可防止玻璃液在冷却过程中变成晶体而不透明或退火时炸裂。

在 pH 为 10 时,以三乙醇胺和酒石酸钾钠为掩蔽剂,用酸性铬蓝 K-萘酚绿混合作为指示剂 B,用 EDTA 标准滴定溶液进行滴定,溶液由紫红色变为蓝绿色。

三、实验仪器与试剂材料

仪器:滴定设备。

试剂材料:三乙醇胺($C_6H_{15}NO_3$,1+1)、氨水($NH_3 \cdot H_2O$,1+1)、盐酸羟胺($NH_2OH \cdot HCl$)、氨水-氯化铵缓冲溶液(pH 为 10)[称取 67.5 g 氯化铵溶于适量水中,加 570 mL 氨水(密度 ρ 约为 0.90 g/mL),然后用水稀释至 1 L]、EDTA 标准滴定溶液(0.01 mol/L)、酸性铬蓝 K-萘酚绿 B(1:3)混合指示剂(简称 K-B 指示剂,称取 1.0 g 酸性铬蓝 K、3.0 g 萘酚绿 B 与 50 g 已在 105~110 ℃烘干过的硝酸钾在玛瑙研钵中仔细研磨混匀,贮存于磨口棕色瓶中)。

四、实验步骤

移取 25.0 mL 试液 A 于 300 mL 烧杯中,用水稀释至约 150 mL,加少量盐酸羟胺,加 3 mL 三乙醇胺,以氨水调至 pH 近似为 10,再加 10 mL 氨水-氯化铵缓冲溶液及适量 K-B 指示剂,用 EDTA 标准滴定溶液滴定,至试液由紫红色变为蓝绿色。

五、数据记录与数据处理

1. 数据记录

数据记录见表 6.1。

表 6.1　实验数据记录表

玻璃质量(g)	c_{EDTA}(mol/L)	起始读数(mL)	终点读数(mL)	V_{EDTA}(mL)	MgO%

2. 数据处理

氧化镁的质量分数(w_{MgO})按下式计算：

$$w_{MgO} = \frac{c_{EDTA} \times (V_{EDTA} - V_{CaO}) \times 40.31 \times 10}{m \times 1000} \times 100\%$$

式中：

w_{MgO}——氧化镁的质量分数，%；

c_{EDTA}——EDTA 标准滴定溶液的浓度，mol/L；

V_{EDTA}——滴定氧化镁时消耗 EDTA 标准滴定溶液的体积，mL；

V_{CaO}——滴定氧化钙时消耗 EDTA 标准滴定溶液的体积，mL；

40.31——MgO 的摩尔质量，g/mol；

m——试样的质量，g。

六、思考题

(1) 氧化镁在玻璃中主要起什么作用？

(2) 本实验有哪些注意事项？

实验七　玻璃中三氧化硫的测定

一、实验目的

(1) 通过玻璃中三氧化硫含量的测定，掌握其测试方法。

(2) 了解玻璃中三氧化硫对玻璃性能的影响。

二、实验原理

玻璃中的硫，主要以硫酸钠或硫酸钙的形式存在。分析玻璃中的硫，通常采用硫酸钡质量法。硫酸钡质量法测定三氧化硫，是将试样通过熔融（或烧结）或借助酸分解的办法，使样品中的硫转变成可溶性硫酸盐，然后加入适量氯化钡溶液，使溶液中的硫酸根离子与钡离子反应，生成硫酸钡沉淀。反应式为

$$Ba^{2+} + SO_4^{2-} = BaSO_4 \downarrow$$

沉淀经陈化、过滤、洗涤、灰化、灼烧和称量等步骤，即可得到硫酸钡的质量，进而计算出试样中的三氧化硫含量。

此法为硫的经典测量方法。在分析操作中如能严格控制一定的条件，则能得到较准确的结果，但费时较长。

三、实验仪器与试剂材料

仪器：低温电炉、过滤设备。

试剂材料：硝酸、高氯酸、氢氟酸、盐酸（1＋1）、氯化钡溶液（50 g/L）、硝酸银溶液（10 g/L）、玻璃粉。

四、实验步骤

称取 1.0 g（m_0）试样，精确至 0.0001 g。将试料置于铂皿中，加 2 mL 硝酸、1 mL 高氯酸和 10 mL 氢氟酸，于低温电炉上缓慢加热蒸发至开始逸出高氯酸白烟。冷却，再加 2 mL 高氯酸和 5 mL 氢氟酸，继续加热蒸发至干，冷却，加 20 mL 水及 4 mL 盐酸，加热至盐类完全溶解。将所得试液移入 300 mL 烧杯中，用水稀释至约 150 mL，加热微沸，在不断搅拌下滴加 5 mL 氯化钡溶液继续微沸约 10 min。移至低温处静置约 1 h，再于室温下静置 4 h 或 12～24 h。用慢速定量滤纸过滤，以温水洗涤沉淀至无氯根反应为止（用硝酸银溶液检验）。

将滤纸及沉淀移入已恒量的铂坩埚中,灰化后,在 850 ℃ 下灼烧 30 min,在干燥器中冷却至室温,称量 m_1。反复灼烧,直至恒量。

五、数据记录与数据处理

1. 数据记录

记录试样质量 m_0,灼烧后的质量 m_1。

2. 数据处理

三氧化硫的质量分数按下式计算:

$$w_{SO_3} = \frac{m_1 \times 0.343}{m_0} \times 100\%$$

式中:

m_1——灼烧后沉淀物的质量,g;

0.343——$BaSO_4$ 对 SO_3 的换算系数;

m_0——试样的质量,g。

六、思考题

(1) 玻璃中的三氧化硫主要是由什么原料引入的?

(2) 玻璃中的 SO_3 残留与玻璃熔化中的氧化还原状态有什么关系?

实验八　平板玻璃中微量硒的测定

一、实验目的

(1) 了解玻璃中硒的着色原理。
(2) 掌握平板玻璃中微量硒的测定方法。

二、实验原理

硒是一种常见的玻璃着色剂,通常以下列四种状态存在于玻璃中:

Se^{2-}　　硒化物　　无色

Se_x^{2-}　　多硒化物　黄色或棕色

Se^{4+}　　亚硒酸盐　无色

Se^{6+}　　硒酸盐　　无色

硒的四种状态,在玻璃中随玻璃成分、熔制温度和氧化还原条件的改变而发生变化,并处于一定的平衡关系。

从图 8.1 中可看出,硒紫色玻璃在 500 nm 处有一吸收峰,而在红色(600～700 nm)和紫色(400～450 nm)区的透光率比较高,故玻璃呈现紫红色。硒有红色和灰色两种变体,在温度高于 130 ℃时红色硒将转变为灰色硒,217 ℃时熔化成为黑棕色液体,沸点为 688 ℃。大部分硒都以氧化物或多硒化合物状态存在于玻璃中。硒酸盐比单质硒稳定,挥发性比较小。因此在玻璃配合料中常用硒酸盐而不常用硒粉。在玻璃熔制过程中将有 70%～80%的硒从玻璃中挥发。但是使用硒的化合物,其挥发量要小得多,因此,目前硒的着色和脱色一般多采用亚硒酸锌或亚硒酸钡引入。玻璃的熔化温度对硒的着色影响不大,一般选择较低的熔化温度和弱的还原气氛下进行熔制。

确定硒在玻璃中的含量十分必要,但玻璃中的硒及其化合物的测定未见有适用的方法与标准。有报道用甲苯溶剂萃取法测定硒的含量,此法所用试剂甲苯对实验操作者危害较大,对环境污染较严重,操作过程繁琐费时,回收率低,成功率低。采用原子荧光光谱法检测玻璃中硒的含量更加简便快捷,结果准确度高、精密度高。

试样经氢氟酸-高氯酸混酸消解后,将四价以下的硒及其化合物氧化为四价硒,再经盐酸消解后将六价硒还原为四价硒,直接进样法测定总硒的含量。

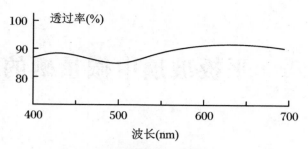

图 8.1　硒紫色玻璃的光谱透光曲线

三、实验仪器与试剂材料

仪器：原子荧光光谱仪。

试剂材料：平板玻璃粉、氢氟酸（优级纯）、高氯酸（优级纯）、盐酸（优级纯）；盐酸（1 mol/L，准确量取 43 mL 浓盐酸用水稀释至 500 mL 摇匀备用）；硒标准储备液（100 μg/mL）；硒标准使用液（10 μg/L，用单标线移液管精确吸取 10.00 mL 硒标准储备液于 100 mL 容量瓶中，加盐酸溶液稀释至刻度，摇匀备用，此液浓度为 10 μg/mL，继续移取上述溶液，采取逐级稀释的方法，直到稀释至目标浓度为止）；盐酸[（1 + 11）：准确量取 40 mL 浓盐酸，加入 440 mL 水，混匀备用]；盐酸[（1 + 8）：准确量取 50 mL 浓盐酸，加入 40 mL 水，混匀备用]；硒标准使用液[采用逐级稀释的方法，每级均使用盐酸（1 mol/L）定容]；实验用水均为二级纯化水。

四、实验步骤

准确称取试样 0.2～0.5 g（视样品中硒含量而定，精确至 0.0001 g），置于铂皿中，加少量水润湿。加入 1 mL 高氯酸和 10～15 mL 氢氟酸，置于低温电炉上蒸发至高氯酸冒白烟，取下冷却后再加入 5～10 mL 氢氟酸，继续蒸发至高氯酸白烟冒尽，取下放冷。加入 20 mL 浓盐酸及适量水，低温电炉加热使其溶解，溶液澄清后定量转入 250 mL 容量瓶中，冷却后定容待测。配制硒标准使用液，逐级稀释至 10 μg/L，用 1 mol/L 盐酸定容，使用原子荧光光度计进行测量，记录实验数据。

五、数据记录与数据处理

1. 数据记录
自动稀释标准曲线数据见表 8.1，绘制浓度-荧光值的标准曲线。

2. 数据处理
二氧化硒的百分含量（X_1）按下式计算：

$$X_1 = \frac{c_1 \times k \times V \times 10^{-6} \times T}{m_1} \times 100\%$$

式中：

c_1——试样溶液中二氧化硒的含量，$\mu g/L$；

k——试样稀释倍数；

V——定容体积，L；

m_1——称样质量，g；

T——转换系数1.4，将 Se 转化为 SeO_2。

表 8.1　50 mL 溶液中 Se 的浓度与荧光值对应关系

标准溶液浓度 ($\mu g/L$)	1	3	5	7	9	10
荧光值						
曲线校正方程						
线性相关系数						

六、思考题

(1) 实验过程中为什么要使用高氯酸？

(2) 标准溶液的酸度增大，荧光值会有什么变化？

实验九　玻璃原料粒度测定方法

一、实验目的

(1) 了解玻璃原料粒度对玻璃制备及性能的影响。

(2) 掌握玻璃原料粒度的测定方法。

二、实验原理

构成配合料的各种原料均有一定的颗粒组成,它直接影响着配合料的均匀度、熔制速度、玻璃液的均匀度以及玻璃形成速度等。

配合料的颗粒组成不仅要求同一原料有适宜的颗粒度,而且要求各原料间有一定的粒度比,其目的在于提高混合质量与防止配合料在运输过程中的分层。因此,应使各种原料的颗粒重量相近。对于难熔原料,粒度要适当减小。

在整个熔制过程中,影响硅酸盐形成速度和玻璃形成速度的主要因素之一是原料的颗粒度,尤其是玻璃形成速度主要取决于剩余砂粒的熔化与扩散。从热力学观点看,当物质的细度增加时,该物质的等温等压位也会增加,即物质的饱和蒸气压、溶解度、化学活度也相应增大。因此,小粒度的原料比大粒度的原料更容易加速硅酸盐形成和玻璃形成,玻璃也更快均化,当然,过细的原料也会给其他工艺环节带来不利的影响。

测定玻璃的粒度,根据试样粒径的不同,通过振筛机摇动实验筛将试样分成不同粒级,然后称重计算出每一粒级的产率。

三、实验仪器与试剂材料

仪器:国家标准(GB 6003)规定的实验筛、偏心振动式振筛机、天平、烘箱。

试剂材料:玻璃原料。

四、实验步骤

1. 试样制备

将样品在 105 ℃下烘干,用四分法缩取试样。当样品最大粒度小于 1 mm 时,每份试样的最小质量为 100～150 g;当样品最大粒度大于 1 mm 时,每份试样的最小质量为 400 g。同时留出副样,以备检查。

2. 测定试样

　　称取试样,精确至 0.1 g。将选定的筛子按顺序套好,大孔径筛在上部。将称好的试样放入顶部筛子并加盖,放在振筛机上,开动振筛机至要求时间。取出每一个筛子,将物料倾至一边,倒在一张光滑纸上,再将筛子翻置在纸上轻轻敲打,并用毛刷扫刷筛面直至干净。如果试样超过 150 g 应分次筛分,每次筛分不得超过 150 g,以防筛子过负荷,将每一粒级的物料移至天平上精确称量至 0.1 g,微量物料的称量要精确至 0.01 g,记录称量结果。试样一般筛分 15 min。如需检查是否达到筛分终点,可按以下步骤进行:将经过振筛机筛分的试样,每一粒级手筛 1 min,手筛通过筛子的物料量与原始试样量之比小于 0.1%,则认为筛分已达到终点,否则应延长筛分时间。

五、数据记录与数据处理

　　筛分得到的某一粒级的产率按下式计算(代表某一粒级,若套筛有 P 个筛子,则有 $n = P + 1$ 个粒级),精确至 0.1%。当产率微量时,精确至 0.01%,同一样品独立进行两次测定,取其算术平均值作为测定结果。

$$\gamma_i = \frac{m_i}{\sum\limits_{i=1}^{n} m_i} \times 100\%$$

式中:

　　m_i——某一粒级物料的质量,g;

　　$\sum\limits_{i=1}^{n} m_i$——所有粒级物料的总质量,g;

　　γ_i——某一粒级物料的产率,%。

六、思考题

　　(1) 原料粒度过大或过小对玻璃的熔制会产生什么影响?

　　(2) 如何控制玻璃原料粒度?

实验十　玻璃配合料均匀度的测定

一、实验目的

(1) 学会用电导仪测定配合料均匀度的方法并掌握其原理。
(2) 掌握 DDS-11A 型电导仪的正确使用方法和性能。
(3) 了解玻璃配合料均匀度测定的意义。

二、实验原理

　　将石英砂、纯碱、石灰石、硝酸盐等原料及碎玻璃按确定的比例混合,即得玻璃配合料。配合料的均匀程度,对玻璃的溶制质里(如均匀性)有很大影响。因此,测定配合料的均匀度对玻璃生产有重大意义,也是防止玻璃产生缺陷的基本措施之一。

　　配合料的均匀度可用筛分法、化学分析法、滴定法、电导法等方法进行测定。最常用的是电导法和滴定法。本实验采用电导法。

　　将配合料溶于水中,配合料中可溶性盐电离成为离子。在配合料溶液中插入电极并通电,则在电极的两极片间产生电场。在电场作用下,溶液中的阳离子移向阴极,阴离子便移向阳极,此时溶液中就会有电流通过。电流的大小与电压及溶液的电导率成正比,当电压一定时,则与后者有关。

　　溶液的电导率是溶液中所有各种离子的导电能力的总和,每一种离子的导电能力与离子浓度、离子电荷和离子迁移速度成正比。对于浓度相同的确定的配合料溶液,在一定的温度条件下,可认为溶液的电导率与溶液中总离子浓度成正比,即与配合料中水溶性盐的含量成正比。

　　如果我们把各试样中水溶性盐的含量差别作为判断配合料均匀度的指标,那么根据各配合料的电导率的差异便可判断配合料的均匀度。

三、实验仪器与试剂材料

　　仪器:DJS-1 型电导仪、磁力搅拌器、天平。
　　试剂材料:玻璃配合料。

四、实验步骤

1. 取样及处理

在已混合好的配合料料堆上,分别在 5 个不同部位取样,每点取样 2 g 左右,分散在 100 mL 蒸馏水中。利用磁力搅拌器搅拌 5 min,静置片刻,以使可溶性盐充分溶解。

2. 电导率测定

(1) 熟悉 DDS-11A 型电导仪的面板结构。未开电源之前,观察表针是否指零,如不指零,进行机械调零。

(2) 将校正、测量开关打向"校正"位置。

(3) 接通电源线,打开电源开关,预热至指针稳定为止,调整"调正"使指针满刻度。

(4) 量程选择。置量程选择开关于合适位置。如预先不知道测试样的电导率值时应放置到最大量程挡,然后逐挡下降直至合适为止,以防表针打弯!

(5) 高低周选择,选用①～⑧量程挡时,将"高/低周"打向"高周"。

(6) 根据电导率值,选择合适电极。本测试选用 DJS-1 型铂黑电极,清洗干净后用电极夹夹紧电极的胶塑帽,将电极固定在电极杆上,并接通电极导线。将电极浸入与室温相同的蒸馏水中,待电极稳定后取出,浸入第一个配合料溶液中,并用电极做稍许搅拌。

(7) 置"高/低周"于"高周"位置,"电极常数"调节钮旋至与所配电极常数相对应的位置,调节"高/低周"于"校正"位置,调节"调正"使指针满刻度。

(8) 完成上述"校正"后,置"校正/测量"于"测量"位置,即可测量读数,并记录。测毕,关闭电源,取出电极,浸入蒸馏水中。

(9) 将电极取出插入另一溶液中,并搅拌,重复(7)和(8)操作测量另 4 份的电导率值。记录每份样品的电导率。

(10) 5 个试样测定完毕后,将铂黑电极取出放入蒸馏水中,以防电极惰化失灵!

五、数据记录与数据处理

1. 数据处理

一般采用有限次测定的标准离差表示玻璃配合料均匀度,公式如下:

$$S = \sqrt{\frac{1}{n-1}\sum_{i=1}^{n}(X_i - \bar{X})^2}$$

式中:

S——标准离差测定值;

n——试样支数;

X_i——任一试样的测定值。

进一步算出相对离差 C_v：

$$C_v = \frac{S}{\overline{X}} \times 100\%$$

则均匀度 H_S 为

$$H_S = 100\% - C_v$$

六、思考题

（1）配合料的最佳混合时间由什么来确定？

（2）利用电导率法主要测定配合料中哪一种组成的均匀度？

（3）配合料的均匀度与哪些因素有关？

实验十一　玻璃内应力的测定

一、实验目的

(1) 进一步了解玻璃内应力产生的原因。

(2) 掌握测定玻璃内应力的原理和方法。

二、实验原理

由于生产工艺的特殊性,在制作完成后的玻璃制品中还或多或少地存在内应力。在玻璃成形过程中,由于外部机械力的作用或冷却时热不均匀所产生的应力称为热应力或宏观应力。在玻璃内部由于成分不均匀而形成的微不均匀区所造成的应力称为结构应力或微观应力。在玻璃内相当于晶胞大小的体积范围内所存在的应力称为超微观应力。由于玻璃的结构特性,其中的微观与超微观应力极小,对玻璃的机械强度影响不大。影响最大的是玻璃中的热应力,因为这种应力通常是极不均匀的,严重时会降低玻璃制品的机械强度和热稳定性,影响制品的安全使用,甚至会发生自裂现象。因此,为了保证使用时的安全,对各种玻璃制品都规定其残余的内应力不能超过某一规定值。对于光学玻璃,较大应力的存在将严重影响光透过和成像质量。因此,测量玻璃的内应力是控制质量的一种手段,特别是对于质量要求较高的贵重的或精密的产品尤其重要。

1. 玻璃中的内应力与光程差

包括玻璃与塑料在内的许多透明材料通常是一种均质体,具有各向同性的性质,当单色光通过其中时,光速与其传播方向和光波的偏振面无关,不会发生双折射现象。但是,由于外部的机械作用或者玻璃成形后从软化点以上的不均匀冷却,或者玻璃与玻璃封接处由于膨胀失配而使玻璃具有残余应力时,各向同性的玻璃在光学上就成为各向异性体,单色光通过玻璃时就会分离为两束光,如图 11.1 所示。O 光在玻璃内的光速及其传播方向、光波的偏振面都不变,所以仍沿原来的入射方向前进,到达第二个表面时所需的时间较少,所经过的路程较短;E 光在玻璃内的光速及其传播方向、光波的偏振面都发生变化,因此偏离原来的入射方向,到达第二个表面时所需的时间较多,所经过的路程较长。O 光和 E 光的这种路程之差称为光程差。测出这种光程差的大小,就可计算玻璃的内应力。

布儒斯特(Brewster)等研究得出,玻璃的双折射程度与玻璃内应力强度成正

比,即

$$R = B\sigma$$

式中:

R——光程差,nm;

B——布儒斯特常数(应力光学常数),布,1 布 = 10 Pa;

σ——单向应力,Pa。

图 11.1 光线通过有应力玻璃时的双折射现象

2. 光程差的测量原理

光程差的测量方法有偏光仪观测法、干涉色法和补偿器测定法等几种,本实验采用偏光仪观测法。

本实验采用 WYL 应力仪,仪器工作原理是采用偏振光干涉法。仪器的光学系统如图 11.2 所示。

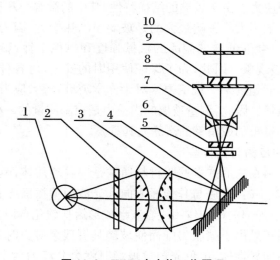

图 11.2 WYL 应力仪工作原理

1. 光源;2. 隔热片;3. 聚光镜;4. 反光镜;5. 起偏镜;6. 全波片;
7. 发散镜;8. 台面玻璃;9. 试样;10. 检偏镜

干涉色决定于光程差的大小。光程差可由下式表示:

$$R = (n_1 - n_2)d$$

即

$$R/d = n_1 - n_2$$

式中：

R——光程差，nm；

d——被测试样的厚度，cm；

$n_1 - n_2$——寻常光与非常光的折射率差。

为了使测试系统灵敏，在系统中放入一块附加光程差为 560 nm 的全波片，它起到灵敏片的作用，在视场中呈现一级紫红色。在放入全波片的一级紫红视场中引进被测试样，转动被测试样至最大亮度位置，呈现一种干涉色。再把被测试样转动 90°，又呈现另一种颜色。这是由于被测试样的光程差与全波片的光程差相互叠加或相互减少的缘故。

被测试样的干涉色与光程差的关系见表 11.1。

表 11.1　被测试样的干涉色与光程差的关系

颜色		视程差（nm）	实有差程（nm）	应力
相加	黄	900	340	张应力
	黄绿	845	285	
	绿	770	210	
	蓝绿	715	155	
	浅蓝	685	125	
紫红		560	0	
相减	红	535	25	压应力
	橙黄	440	120	
	金黄	370	190	
	蓝	310	250	
	白	260	300	

根据上表，可由干涉色对紫红的偏离程度来决定被测试样光程差 R 的大小。知道 R 和 d 就可确定玻璃的级别。

三、实验仪器与试剂材料

仪器：WYL 应力仪。

试剂材料：玻璃试样若干、酒精、脱脂棉。

四、实验步骤

（1）用酒精将玻璃擦拭干净。

（2）把光源的插头插在 220 V 交流电源上，把待测试样放在台面玻璃中心处。

（3）旋转试样使视场中出现亮度最大的干涉色（没有应力的试样，不论怎样旋转，视场中始终是紫红色，有应力的试样旋转时会出现两种亮度最大的干涉色）。

（4）根据干涉色查表，或对照标准片，确定光程差 R 的大小。

（5）由 R/d 值确定玻璃的级别。

五、数据记录与数据处理

1. 数据记录

实验报告中应力测定的原始数据可按表 11.2 的方式进行记录。

表 11.2　实验数据记录表

试样编号	试样厚度（cm）	观察颜色
1		
2		
3		
4		

2. 数据处理

通常用单位长度的光程差来表示玻璃的内应力

$$\delta = R/d$$

式中：

δ——单位长度的光程差，nm/cm；

d——被测试样的厚度，即光在玻璃中的行程长度，cm。

将以上结果代入布儒斯特公式，就可得到玻璃内应力计算公式，即

$$\sigma = \delta d / B$$

对于普通工业玻璃，$B = 2.55 \times 10$ Pa。这样就可由上式计算出玻璃的内应力值。

六、思考题

（1）什么叫应力？玻璃中的应力有几种？什么叫内应力？

（2）如何消除玻璃中的内应力？

实验十二　玻璃热稳定性的测定

一、实验目的

(1) 了解测定玻璃热稳定性的实际意义。

(2) 掌握淬冷法测定玻璃热稳定性的原理和测定方法。

二、实验原理

玻璃经受剧烈的温度变化而不被破坏的性能称为玻璃的热稳定性(或称耐急冷急热性),其热稳定性能的好坏是以玻璃在保持不破坏条件下所能经受的最大温度差来表示的。玻璃的热稳定性能是玻璃的重要性质之一,因此在研究和生产中,绝大多数玻璃都要进行这一性能的测定,例如,仪器玻璃、保温瓶玻璃、温度计玻璃、注射器玻璃、瓶罐玻璃、器皿玻璃和电真空玻璃等,尤其在玻璃热加工方面测定玻璃的热稳定性能尤为重要。测定这一性质,对于玻璃的生产和加工起着指导性作用,是必不可少的一项工作。

首先,玻璃热稳定性的好坏与玻璃的组成有着直接关系,凡能降低玻璃热膨胀系数的组分,都能提高玻璃的热稳定性,例如 SiO_2、Al_2O_3、ZrO_2、ZnO、MgO 等,也就是说膨胀系数愈小,其热稳定性能就愈好。

其次,热稳定性能的好坏还与玻璃中存在着不均匀的内应力、夹杂物以及表面上出现的擦痕或裂纹及各种缺陷有关,这些因素都能使玻璃的热稳定性下降,也就是说凡是能降低玻璃机械强度的因素,都能使玻璃的热稳定性能降低。

玻璃的热稳定性是玻璃一系列物理性质的综合表现,因此,玻璃热稳定性可用下式来表示:

$$K = \frac{P}{\alpha E} \sqrt{\frac{\lambda}{cd}}$$

式中:

K——玻璃的热稳定性系数,$°C \cdot cm/s^{\frac{1}{2}}$;

P——玻璃的抗张强度,kgf/mm^2;

α——玻璃的热膨胀系数,$°C^{-1}$;

E——玻璃的弹性系数,kgf/mm^2;

λ——玻璃的热导率,$cal/(cm \cdot s \cdot °C)$;

d——玻璃的密度,g/cm^3;

C——玻璃的比热容,cal/(g·℃)。

由上式可知,对玻璃材料来说,P 和 E 通常以同样的倍数改变,所以 P/E 的值改变不大,其他各项除 α 外,改变也很小,只有 α 值随组成的改变有较大的变化,这说明玻璃热稳定性能的好坏,主要取决于玻璃的化学组成。

除此之外,玻璃的热稳定性能还与玻璃本身的几何形状有关。例如,制品的壁厚越大,其热稳定性能越差,对于棒状玻璃来说,直径越大其热稳定性越差。在一般情况下,玻璃的热稳定性与其厚度或直径成反比关系。

测定玻璃热稳定性能的基本方法是骤冷法,其方法可分为玻棒法和成品法。玻棒法是取一定数量的棒状玻璃试样,经在特制的电炉中加热,然后使之急速冷却,这种方法相对规范化,测试结果可以相互比较,对科学研究、新产品开发来说具有不少优点。而成品法是直接以玻璃制品作为试样,其优点是能够反映产品的实际性能,但对不同组成、不同品种,甚至同组成不同品种的玻璃来说,其测试结果不能相互比较,因此在测定玻璃热稳定性时,要根据测试对象选择其测试方法。在实验室,通常采用试样加热骤冷。

骤冷法测定玻璃热稳定性的原理是:当玻璃被加热到一定温度后,如予以骤冷,温度很快降低,产生强烈的收缩,但此时内部温度仍较高,处于相对膨胀状态,阻碍了表面层的收缩,使表面产生较大的张应力,如张应力超过其极限强度时,试样(制品)即破坏。

骤冷法需把玻璃制成一定大小的试样,加热使试样内外的温度均匀,然后使之骤冷,观察其是否碎裂。但是同样的玻璃,由于各种原因,其质量也往往是不完全相同的,因而所能承受的不开裂温差也不相同。所以要测定一种玻璃的热稳定性,必须取若干块样品,将它们加热到一定温度后,进行骤冷,观察并记录其中碎裂的样品的块数。把碎裂的样品拣出后,将剩余未碎裂的样品继续加热至较高的温度,待样品加热至均匀后,进行第二次骤冷。按同样步骤拣出碎裂的样品,记下碎裂的块数,重复以上步骤,直至加入的样品全部碎裂为止。

玻璃的耐热温度可由下式计算:

$$\Delta T = \left(\frac{n_1 \Delta t_1 + n_2 \Delta t_2 + \cdots + n_i \Delta t_i}{n_1 + n_2 + \cdots + n_i} \right)$$

式中:

ΔT——玻璃的耐热温度,℃;

$\Delta t_1, \Delta t_2, \Delta t_i$——骤冷加热温度和冷水温度之差;

$n_1, n_2, \cdots, n_i$——在相应温度下碎裂的块数。

三、实验仪器及试剂材料

仪器:立式管状电炉(1 kW)、电流表(5～10 A)、调压器(2 kV·A)、温度计

（250 ℃、50 ℃各一支）、放大镜（10 倍）、烧杯（500 mL）、酒精灯。

试剂材料：玻璃棒若干。

四、实验步骤

（1）将直径为 3～5 mm、长度为 20～25 mm 无缺陷的玻璃棒，小段的两端在喷灯上烧圆。

（2）放在电炉中退火，经应力仪检查没有应力，待试验用。

（3）将滑架悬挂在支架上，调整水银温度计位置，使水银球正处在小篓中。

（4）下滑架，将准备好的 10 根试样装入小篓，再将滑架挂在支架顶上。接通电源进行第一次测定。以 3～5 ℃/min 的升温速度，将炉温升高到低于预估耐热温度约 40～50 ℃，保温 10 min。

（5）测量并记录冷水温度，开启炉底活门，使试样与小篓落入冷水中。30 s 后取出试样，擦干，用放大镜检查，记录已破裂试样数。

（6）将未破裂试样重新放入小篓中，进行第二次测定，炉温比前一次升高 10 ℃，继续实验直至试样全部破裂为止。计算试样的耐热温度平均值。

五、数据记录与数据处理

将实验结果记录于表 12.1 中。

表 12.1　玻璃热稳定性测定记录表

试样名称	试样直径	试样长度	室温	冷水温度	炉温	破裂块数	破裂温度差

六、思考题

（1）影响测定玻璃热稳定性的因素及防止措施有哪些？

（2）玻璃的热稳定性与哪些因素有关？

实验十三　玻璃折射率的测定

玻璃的折射率是玻璃的一个重要光学性质,测定这一性能对光学玻璃来说是极为重要的。玻璃的折射率决定于许多因素,比如玻璃密度。玻璃密度与玻璃的化学组成和结构有直接关系,因此测其折射率可以检查玻璃的化学组成是否稳定,从而对生产起一定的监督和指导作用。玻璃的折射率还与光波波长有关,随着光波波长的增加,玻璃的折射率一般是降低的。因此在测定折射率时,必须指出折射率的测定是对哪一种光波波长而言的。

另外折射率的测定还与温度有关,玻璃的折射率一般是随温度升高而增加,所以测定折射率时要求保持温度恒定。目前测定折射率有两种常用方法:V棱镜法和油浸法。V棱镜法操作简单,精度高,目前大多数光学玻璃工厂采用该方法。

（一）　V棱镜法测定玻璃的折射率

一、实验目的

(1) 学会用V棱镜法测定玻璃折射率的方法。

(2) 理解V棱镜折射仪的测试原理,加深对玻璃光学性能的了解。

二、实验原理

V棱镜折射仪的测试原理如图13.1所示。

根据图13.1分析可知,当一束垂直于V棱镜入射面的平行光进入V棱镜后,若被测试样的折射率与V棱镜折射率 N_0 相同时,光线通过V棱镜不会发生偏折;若被测试样折射率与V棱镜折射率 N_0 有差异时,光线将遵循折射定律发生折射。当出射光线与入射光线的夹角为 θ 时,按照折射定律可以推算出 θ 与被测试样折射率 N 之间的关系为

$$N = \sqrt{N_0^2 + \sin\theta \sqrt{N_0^2 - \sin^2\theta}}$$

若能求得 θ 角代入上式,即可以求得被测试样的折射率 N。当采用不同波长的单色光入射时,即可求得相应于某种波长的折射率 N。

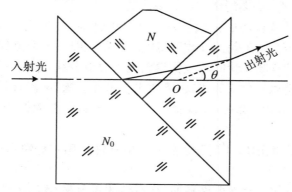

图 13.1　V 棱镜折射仪的测试原理

三、实验仪器与试剂材料

仪器:阿贝折射仪一台、镊子、V 棱镜一台(WZV-1 型)、切割、研磨、抛光机及测角仪。

试剂材料:酒精、乙醚、不同折射率的浸油(按测试试样需要配制)、脱脂棉花、被测玻璃试样多块。

四、实验步骤

1. 试样的要求与制备

选取无缺陷的玻璃材料一块,切割成为直角棱镜,其直角边长约 20 mm,厚约 20 mm(如材料尺寸不够时,应用的直角边至少应大于 8.5 mm,厚度应大于 11 mm)。直角的准确角度为(90±1°),两个直角面只需要细磨即可,但为了便于检查直角精度,应将一面抛光。

2. 操作方法

(1) 选择一块适合的 V 棱镜(即要求 V 棱镜的折射率 N_0 和被测试样折射率 N 之间相差 ±0.2),用脱脂棉蘸少许酒精或乙醚擦净 V 棱镜的通光面,将校正用的同 V 棱镜配对的直角块滴上少许浸油,此浸油的折射率与 V 块标准折射率 N_0 之差不大于 0.01,然后将此直角放入 V 槽内,要求接触面应无气泡。

(2) 接通单色光源及读数系统照明光源,稍隔几分钟,待亮度保持稳定后,才能开始操作。

(3) 调节聚光镜,使光线均匀地充满狭缝。

(4) 调节望远镜系统目镜,直至在视场中看清双分线及狭缝单丝像。

(5) 转动望远镜臂使狭缝单丝像基本上平分双分线,锁紧刹车手轮并利用微动手轮使狭缝单丝像精确地平分双分线。

(6) 转动测微手轮使读数目镜视场内的单刻线平分刻线,此时读数目镜视场

中读数应为 $0°00'00''$，必要时调节螺钉来达到。

（7）若读数目镜视场中读数偏离 $0°00'00''$ 时，则先用测微手轮使测微尺为 $0°00'00''$，然后调节微动手轮使读数目镜视场内单刻线平分双刻线，再用调节螺钉使望远镜系统目镜视场中狭缝单丝像精确地平分双分线，这时可能有读数目镜视场中刻线暂没有精确平分双刻线，则需要重复上述步骤，多次进行调节，但是在一般情况下，零位若有微小偏差，不应该去多次校正，只需在读得的 θ 角加上或减去这个偏差即可。

（8）移去校正直角块，用脱脂棉蘸上乙醚或酒精擦净 V 槽和直角块，上述校验操作结束。

（9）在被测试样上滴上少许浸油，此浸油的折射率与待测试样的折射率差不应大于 0.02，然后将试样附在棱镜 V 形槽内，成为一组合体。

（10）转动望远镜系统，在目镜中找狭缝单丝像，并使它基本上平分双刻线。

（11）锁紧刹车轮并转动微动手轮，使狭缝单丝像准确地平分双分线。

（12）在读数系统视场中，转动测微手轮，当瞄准窗内单刻线平分双刻线后，读取角度值 θ（度盘上每小格为 $10''$，测微尺上每小格为 $0.05''$）并记录。

（13）将读出的角度值 θ 在表上用内差法查出 δ_{ND} 值，若单色光源为钠光灯加上滤色片组 D，则就能得到试样对 D 光的折射率 $N_D = \delta_{ND} + N_{0D}$（$N_{0D}$ 为此 V 棱镜的折射率），若测其他波长（λ）的谱线时，折射率 N 可用其他光源的。

五、数据记录与数据处理

根据所测得的角度在计算表中查取 δ_N 和 g_λ，用下述公式进行计算：

$$N_\lambda = \delta_N + N_{0\lambda} + g_\lambda$$

式中：

N_λ——波长为 λ 时，被测试样的折射率；

δ_N——根据所测得的 θ 在表中查得（该表仪器说明书配）；

$N_{0\lambda}$——波长为 λ 时，V 棱镜的折射率；

g_λ——根据所测得 θ 在表中修正项内查得。

（二）　油浸法测定玻璃的折射率

一、实验目的

（1）学会用油浸法测定玻璃折射率的方法。

（2）加深对玻璃的折射率在玻璃光学性质上的认识。

二、实验原理

把两种折射率不同的介质置于显微镜(单偏光)下,调节镜筒,则可以在不同介质的交界面上观察到一条明亮的线,此线称为贝克线,贝克线产生的原因是由于相邻介质折射率不同,光在接触处发生折射和全反射所引起的。无论两介质如何接触,贝克线的移动规律总是:当提升显微镜镜筒时,贝克线向折射率大的方向移动;当下降镜筒时,贝克线则向折射率小的方向移动。用油浸法测定玻璃折射率的原理就是根据贝克线移动的规律,把已知折射率的一系列浸油依次和未知折射率的玻璃相比较,直到贝克线不清楚或消除为止,此时该浸油的折射率就是所要测的玻璃的折射率。

三、实验仪器与试剂材料

仪器:显微镜或偏光显微镜(若是偏光镜,则去掉检偏镜后使用)、阿贝折射仪、镊子、载玻片、盖玻片。

试剂材料:酒精、不同折射率浸油(每瓶浸油折射率相隔 0.002)、被测玻璃试样多块。

四、实验步骤

1. 浸油的配制

在选择油液时,对油液的要求是色浅透明,并能全部互溶,其次是不要有较大的挥发性,黏度要求较小,不能与晶体发生反应,通常选择如表 13.1 所示的几种。

表 13.1　几种浸油的参数

油液名称	折射率(19 ℃)	折射率温度系数 ΔN(℃$^{-1}$)
二碘甲烷	1.745	0.00068
α-溴代萘	1.659	0.00048
石蜡油	1.49	0.00040
氯化萘	1.63	

当油液选择好后,按照要求配比折射率的大小,通过计算依次按比例相互混合均匀,就得到一系列不同折射率的浸油,为了更精确,配好的浸油折射率还必须用阿贝折射仪在恒温下检验一遍,然后贴上标签,写明数值和测定日期以供使用。隔一定时间后,浸油可能因挥发导致折射率发生变动,可再用阿贝折射仪重新校验一次。

2. 操作方法

(1) 将玻璃试样碎成直径约 0.05 mm(通过 100 目筛而留置在 120 目筛上),用小刀或针挑出少许(约数十粒),放在载玻片上,载玻片用干净脱脂棉花蘸酒精擦洗干净,让样品作单层均匀分布在玻片上,盖上盖玻片(为了节约盖玻片,把盖玻片分为 4 份,取其 1 份),然后由盖玻片侧缝中加入浸油,使样品浸没在浸油中。

(2) 将上面制好的片子放在偏光显微镜载物台上,调节焦距,观察样品的突起和贝克线的移动情况(在观察贝克线时,应注意视域,照明要做适当调节,特别是观察突起很低的晶体的光圈关得小一些,或者将起偏镜降低一些,使晶体上照明弱些可使贝克线易于辨别)。

(3) 提高镜筒,若贝克线向试样内移动,则表示试样的折射率大于浸油的折射率,必须换较高折射率的浸油重新观察,如果提高镜筒贝克线向浸油内移动,则表示试样的折射率小于浸油的折射率,必须换较低折射率的浸油重新观察,直到换入的浸油的折射率与试样的折射率相差很小时,则突起和贝克线不明显或消失,这时可以认为浸油的折射率就是试样的折射率。

(4) 每当调换浸油时,若样品数量较多,则可调换另一份干净的载玻片和盖玻片,若样品量有限时,则可将第一次所用过的样品用酒精或乙醚洗净后再换新的浸油进行测定。

五、数据记录

实验数据记录表见表 13.2。

表 13.2 实验数据记录表

试样名称	测试温度(℃)	浸油折射率	玻璃折射率

六、思考题

(1) 简述玻璃折射率的基本概念。

(2) 如何提高日用玻璃、艺术玻璃的折射率?

(3) 试述 V 棱镜法测定玻璃折射率的原理。

(4) 试述油浸法测定玻璃折射率的原理。

(5) 影响 V 棱镜法、油浸法实验的因素有哪些?

(6) 使用偏光显微镜测定玻璃的折射率时应注意哪些问题?

实验十四　玻璃密度的测定

一、实验目的

(1) 熟悉沉浮法的实验原理。
(2) 掌握玻璃密度的测定方法。

二、实验原理

用沉浮法测定玻璃密度是基于已知密度值的固体在密度值随温度变化而变化的混合液中由于密度相等产生沉浮而比较测定的。固体的密度随温度的升高变化很小,因此可以忽略不计。

选择某种液体,其密度值随温度升高呈线性减小。在常温下若混合液的密度大于固体试样时,已知密度值的标准试样与待测试样均浮在混合液的表面,随着温度的升高,混合液的密度值逐渐减小。当与某固体试样的密度值相等时,固体试样便开始下沉。若标准试样与待测试样在混合液中下沉时通过同一刻度线的温度分别为 t_s 和 t_x,则二者的密度差 ΔD 按下式计算:

$$\Delta D = F(T_s - T_x)$$

试样的绝对密度按下式计算:

$$D_x = D_s + F(T_s - T_x)$$

式中:

D_x——待测试样的密度,g/cm^3;

D_s——标准试样的密度,g/cm^3;

T_s——标准试样下沉通过刻度线时的温度,$^\circ C$;

T_x——待测试样下沉通过刻度线时的温度,$^\circ C$;

F——混合液的密度系数(根据混合液密度计算而得),$g/(cm^3 \cdot {}^\circ C)$。

也可选择在常温下比较试样密度较小的混合液,通过冷却方法,测定试样在混合液中开始上浮的温度,即所谓降温法。为简便起见,目前广泛使用升温法测定。

三、实验仪器与试剂材料

仪器:电热水浴槽、温度计(0～50 ℃)、平口试管。

试剂材料:玻璃、去离子水。

四、实验步骤

1. 试样和混合液的测定

供测定玻璃密度的试样要求均匀,没有条纹、气泡和结石等缺陷。为了监控某种玻璃的生产,就取这种玻璃作为标准玻璃,如果是棒状,最好是 $\phi 3 \times 6$ mm;如果从制品上敲取,取长、宽、高为 $3 \sim 4$ mm,形状规则一些,避免与被测玻璃混淆。试样必须良好退火,退火程度不同,密度也有变化。标准的样品密度可采用比重瓶法或排水法精密测定,精密度达到 0.0001 g/cm³。

标准试样与被测玻璃的密度差在 0.003 以内为最好,差别太大,实验时不易精确测量。

2. 混合液的配制

为了使供实验用的混合液密度值便于调节,一般采用具有不同密度值的两种液体混合而成。在选择这两种液体时,要求两者的密度相差较大,能以任何比例互溶,混合后不起化学反应,导热性好,不易挥发、无毒,供应方便、价格便宜。常选用 α-溴代萘和四溴乙烷,其主要性能见表 14.1。

表 14.1　常用油液的主要参数

名称	分子式	密度范围(20℃)	密度系数 F[g/(cm³·℃)]
α-溴代萘	$C_{10}H_7Br$	$1.482 \sim 1.492$	-0.001
四溴乙烷	$CHBr_2 - CHBr_2$	$2.962 \sim 2.968$	-0.002

混合液的密度取决于测定的方法、试样的密度和气温等条件。当采用升温法测定时,混合液的密度应大于试样的密度,使试样浮在液面上,以便测定试样开始下沉时的温度;若采用降温法,混合液的密度应小于试样的密度,使试样沉在容器底部,以便测定试样开始上浮时的温度。为了缩短试样开始下沉(上浮)所需的时间,混合液与试样的密度值相差在 $0.01 \sim 0.02$ g/cm³较好。

不同季节,因气温不同,应使用不同密度值的混合液。气温高时,应使用密度较大的混合液;气温低时,应使用密度较小的混合液。这样才不会出现试样下沉温度比气温高出很多或低于气温的现象。

标准试样与待测试样的密度值也不应相差太大,否则在采用升温法时将出现混合液的温度升得过高,引起四溴乙烷挥发,造成混合液的比例改变而使密度值发生变化,影响实验结果。同时,会使试样的测试时间延长。因此,标准试样与待测试样的密度值相差在 $0.01 \sim 0.02$ g/cm³为宜。

配制混合液所需 α-溴代萘和四溴乙烷的体积,根据所需混合液的密度和体积以及 α-溴代萘和四溴乙烷的密度计算而得。

例如,欲配制密度为 2.59 g/cm³的混合液 300 mL,α-溴代萘和四溴乙烷的体积可按下式计算求得

$$\begin{cases} 1.487X + 2.965Y = 2.59 \times 300 \\ X + Y = 300 \end{cases}$$

即

$$\begin{cases} X = 76.1\,(\text{mL}) \\ Y = 223.9\,(\text{mL}) \end{cases}$$

用经洗净、烘干的酸式滴定管分别准确量取上述液体的体积,放入经洗净、烘干的棕色试剂瓶中混合均匀后备用。

混合液的密度系数 F 由下式计算得到:

$$F = (-0.001) \times 76.1/300 + (-0.002) \times 223.9/300$$
$$= -0.00175(\text{g}/(\text{cm}^3 \cdot \text{℃}))$$

若下沉温度较高,可加入 α-溴代萘;反之,加四溴乙烷。

3. 测试步骤

(1) 在恒温槽的玻璃缸中加水至距缸口 2 cm 左右。

(2) 将已配制好的混合液分别加入两只比色管中,在一只比色管中用镊子放入标准试样和待测试样各一块,并盖好瓶塞;在另一只比色管中插入 150 ℃ 温度计。

(3) 通电加热水浴槽,同时开动搅拌器,使温度较快上升,距标准玻璃或待测试样下沉温度约 2 ℃ 时,把升温速度控制在 0.1 ℃/min。升温时不断晃动试管,以免液面的表面张力影响样品的自由下沉。

(4) 在升温过程中,不时晃动试管,以免试样在试管内互相碰撞或因液体的表面张力黏附而影响样品自由下沉的温度。

(5) 样品开始下沉后,注意每个样品的任一点到达刻度线时的温度,逐一记录下来。

(6) 全部样品下沉完毕后,实验结束。

(7) 关闭电源。

五、数据记录和数据处理

1. 数据记录

数据记录见表 14.2。

表 14.2　实验数据记录表

样品编号	1	2	3	4	…	n
温度(℃)						

2. 数据处理

按实验原理中的公式进行数据处理。

六、思考题

（1）密度测定对玻璃生产实践有何重要指导意义？

（2）为什么供测试的玻璃试样应经过退火处理？

（3）升温速度过快对实验结果有何影响？

（4）影响玻璃密度的因素主要有哪些？

实验十五　玻璃退火温度的测定

一、实验目的

(1) 进一步了解玻璃退火的实质。

(2) 掌握测定玻璃退火温度的原理和办法。

二、实验原理

玻璃中内应力的消除与玻璃黏度有关,黏度越小,应力松弛越快,应力消除也越快。退火处理的安全温度,常称为最高退火温度或退火点,它是指在此温度下维持 3 min 能使玻璃的应力消除 95%,相当于玻璃黏度为 10^{12} Pa·s 时的温度。最低退火温度是指在此温度下维持 3 min 仅能使应力消除 5%,即相当于玻璃黏度为 10^{15} Pa·s 时的温度。玻璃退火温度与化学组成有关,普通工业玻璃的最高退火温度一般为 400~600 ℃,一般采用的最低退火温度比这个温度低 50~150 ℃。

理论和实验都证明,在玻璃的退火温度范围内,玻璃试样退火时的剩余应力 δ_i 与初始应力 δ_0 的比值 δ_i/δ_0 与温度呈线性关系,因此根据上述定义就可以求出玻璃的最高退火温度和最低退火温度。

三、实验仪器与试剂材料

仪器:双折射仪、管式电炉、电位差计、秒表、自耦变压调压器。

试剂材料:10 mm×10 mm 的方块玻璃或者 6 mm×30 mm 的棒状玻璃。

四、实验步骤

1. 试样制备

(1) 块状试样的制备。用玻璃刀或切片机将待测玻璃切成尺寸为 10 mm×10 mm 的方块玻璃,选取无砂子、条纹、气泡、裂纹等缺陷的小块为试块,试块需经淬火处理,即将选取的试块置于马弗炉中,在稍高于玻璃退火温度下保温 0.5~1 h,取出后在空气中自然冷却至室温。

(2) 棒状试样的制备。若试样为棒状时,可选取 φ6 mm 的玻璃棒作为试样。用薄砂轮片将玻璃棒切成约 30 mm 长的棒状试样,然后按上述方法进行淬火处理。

2. 仪器的调整

在双折射仪中,将管式退火炉代替载物台,并进行调整,使炉管的中轴与光学系统的轴一致。

3. 块状试样的制备

(1) 在试样支架上装上玻璃试体(即被测试样),推入炉管中央,边调整支架的位置,边观察试样,直至试样的四周边缘出现四个月牙形的亮域为止,此时检偏镜旋转角度为 φ_0。按照上述测定内应力的方法测出相应于内应力最大时的光程差,即旋转检偏镜时试体左右两侧边缘出现月牙形小亮域(上、下无月牙形),确定应力值最大时的初始角度 φ_{max}。

(2) 炉温用校正好的镍铬-镍铝热电偶及电位差计组合测定,热电偶的热端刚好置于试样的顶上,尽量靠近试样,但不要接触电源,用调压器控制好升温速度。

(3) 检查管式炉电路,接通电源,从室温至退火温度以下 150 ℃ 左右(对工业玻璃来说,约在 350 ℃ 以下)升温速度不限制,当 300 ℃ 以后,开始用高压器控制升温速度为 3 ℃/min,注意观察视域内试样干涉色的变化。当试体进入最低退火温度时,光程差(即干涉色)开始显著平稳地减小,试样两侧的月牙形小亮域往边部移动。此时,每分钟慢慢旋转检偏镜,使月牙形亮域出现于试体边部两侧,以保持原始 φ_{max} 时月牙亮域的大小,并记下此时的角度 φ_i 和温度 T_i。如此反复,直到试体内的光差为"0",此时正好检偏镜转回到 φ_0 的位置上,视域全黑,即应力完全消除。

(4) 待炉子凉后,换一个试样,重复试验一次。

4. 棒状试样的测试方法

若采用 $\phi6$ mm×30 mm 棒状试体,其退火温度的测定步骤同上述步骤一样,只是观察的现象有所不同。当 φ_0 时,试样周围视场呈"深灰色",试样中央呈现一条最亮线。将检偏镜旋转,当看到试样中的亮线变成原来视域所呈现的"深灰色"为止,测出检偏刻度盘上的角度为 φ_{max} 时控制 3 ℃/min 升温,当接近最低退火温度时,开始观察试样干涉色的变化。旋转检偏镜以维持中央的原始"深灰色",每 3 min 观察记录一次,直到视场与试样呈现相同颜色为止。此时,检偏镜刻度盘的位置正好回到 φ_0 时的位置,应力全部消除。

五、数据记录与数据处理

1. 数据记录

退火温度测定的原始数据可按表 15.1 所示的形式记录。

2. 图解法

在直角坐标纸上以温度为横坐标,δ_i/δ_0 为纵坐标作图。在 $\delta_i/\delta_0 - T$ 直线上取 δ_i/δ_0 在 0.95 和 0.05 的点所对应的温度值即分别为该玻璃的最低退火温度和最高退火温度。

表 15.1 退火温度测定的原始数据记录表

测定记录					结果计算			
实验持续时间		炉内温度	检偏镜刻度盘的读数		加热试样时每次检偏镜的转角	试样加热前所存在的光程差	试样加热后各测点的光程差	δ_i/δ_0
时	分	（℃）	$\varphi_0(°)$	$\varphi_{max}(°)$	$\varphi_i(°)$	δ_0 (nm·cm^{-1})	δ_i	

六、思考题

(1) 退火的目的和实质是什么？

(2) 什么是最高退火温度和最低退火温度？

(3) 为了提高测试的准确性，实验过程中应注意哪些事项？

实验十六　玻璃析晶温度的测定

一、实验目的

（1）利用梯温电炉测定某组成玻璃的析晶性能，并确定出析晶上、下限温度。

（2）通过测定，要求对玻璃的析晶机理有所了解，能够熟练掌握测定方法及梯温电炉的制作要领。

二、实验原理

玻璃在高温下熔融之后，将其从液相以上的高温迅速冷却到室温，除玻璃必须具有的特殊性质以外，玻璃不会发生结晶化。如果对玻璃熔体的冷却速率进行控制，让温度逐步下降，当温度下降到一定范围时，这时玻璃就会产生析晶，这个温度范围通常指在液相线温度以下到玻璃成为固体时的温度以上，在此温度范围内玻璃的析晶有两个阶段，第一阶段首先晶核形成，其次是这种晶核生长。因此，玻璃的析晶速率取决于晶核的形成速率和晶核的生长速率。所谓玻璃的晶核形成速率，是指在单位时间内玻璃熔体中增加的新晶核的数量。所谓晶核生长速率，是指在单位时间内晶体的线生长数量。晶体生长速率通常以每分钟生长的长度（μm）来表示。

由此可知，玻璃熔体的温度在液相线以上的高温时，玻璃熔体的晶核形成速率和晶体的生长速率都等于零，在此温度下不会析晶。当温度逐渐下降到某种化学组成所固有的一定温度时，在玻璃熔体中首先析出极小晶核，一般把这时的温度称为玻璃的析晶上限温度，在此温度下，随着温度的继续下降，在单位时间内新晶核的形成数量不断增加，一直达到最大值时的温度，此后，由于玻璃熔体黏度增高，新晶核的形成数量渐渐减少，当温度更低时，由于玻璃熔体的黏度已很大，物质的原子已失去相互移动的能力，故不会再形成新的晶核。同时，晶体的生长在析晶上限温度附近，生长速率很慢，但随着温度继续降低，晶体生长速率不断加快，而在某温度时，晶体生长速率达到最大值，然后当温度下降到更低时，生长速率变慢直到晶体停止生长。一般把晶体停止生长的温度称为析晶下限温度。因此，玻璃熔体的析晶只能在一定的温度范围内发生，这就是所谓的析晶上限温度和析晶下限温度。在这一温度范围内，当玻璃熔体长时间停留，玻璃迟早都会发生析晶现象。析晶的程度与停留的时间有关，时间越长，析晶程度越大，玻璃熔体的析晶可用晶核的形成速率以及生长速率与温度之间的关系曲线来表示,如图 16.1 所示。

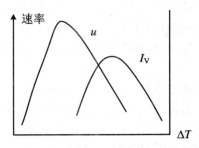

图 16.1　玻璃的结晶速率、晶核形成速率与过冷度之间的关系
u—结晶线速率;I_V—晶核形成速率

在玻璃生产中是不允许玻璃析晶的,因此在设计玻璃组成时,应尽量考虑让析晶上限低些,析晶温度范围小些,也就是说玻璃的液相线温度应尽可能地低于玻璃液的成形温度,这样就可避免产生析晶而得到理想的玻璃。

测定玻璃析晶性能的方法有大量析晶法、淬火法和梯度炉法等,目前最常用的为梯度炉法。梯度炉按其结构有单梯度和双梯度之分,无论是单梯度还是双梯度,其基本结构和原理是相同的,本实验用双梯度电炉来测定。

三、实验仪器与试剂材料

仪器:SG 玻璃析晶电炉、金相显微镜或偏光显微镜。
试剂材料:玻璃条或淬火后的玻璃。

四、实验步骤

1. 温度梯度测定

在测试之前,应先对梯温电炉的温度梯度进行测量,以求得炉内温度随炉长的温度分布。其测量方法是首先对梯温电炉进行升温处理,当升到炉内温度最高点到一定值时(1000 ℃),在此温度下保温一定时间,使炉内温度达到平衡,然后由炉管一端向另一端插入热电偶,由此端起,按每次 1 cm 逐渐向内测量,再向外移动热电偶,并让热电偶在各点停留 5~10 min。每移动一次记录其温度和距离,直到热电偶移动到炉口时为止,为了证实所测温度数据可靠,再把热电偶由炉口向内按此方法重复测定,这样炉内各点的温度分布就均已测知。在直角坐标系上以移动距离为横坐标,温度为纵坐标,即可绘制出炉内的温度梯度分布曲线。

2. 试样的要求与制备

先取无缺陷的玻璃块,用刚玉研钵将玻璃研碎,并通过 32 目和 48 目筛子,取介于两筛之间的玻璃,并用蒸馏水和无水乙醇清洗干净烘干待用,或选取无缺陷的棒状玻璃,直径约为 5 mm,其长度以所用瓷舟的长度为准,用同样的方法清洗干净待用。

3. 操作方法

（1）选取无缺陷的瓷舟并用蒸馏水和无水乙醇清洗干净，然后把所制备的玻璃试样按瓷舟长度装入，一般试样距离瓷舟边缘为 1 mm。

（2）接通电源让电炉升温，当温度升到最高点（1000 ℃）时，恒温 2～4 h，使炉内温度达到平衡。

（3）把盛有试样的瓷舟轻轻推入炉内，使瓷舟位于已知的温度范围内，并测得所处的位置，然后闭塞炉门，按玻璃析晶所需的时间对其进行保温处理。

（4）当达到保温时间后，关闭电源，迅速由炉内取出试样，让试样在空气中冷却或加速冷却，同时对试样的先后顺序进行编号。

五、数据记录与数据处理

1. 数据记录

数据记录格式见表 16.1。

表 16.1　析晶温度记录

试样名称	保温时间(h)	析晶上限温度(℃)	析晶下限温度(℃)

2. 析晶上限温度和下限温度的确定

先用放大镜由高温段到低温段观察析晶的大致位置，然后再用金相显微镜观察确定。开始析出晶体的位置所对应的温度为析晶上限，晶体消失的位置所对应的温度为析晶下限（注：一般情况下，玻璃发生表面析晶会失去光泽，严重时出现失透，以瓷舟内玻璃低温出现失透到高温结束失透为准，并在此位置用铅笔做记号）。把所确定的位置对应地放到事先绘制好的温度梯度曲线上，由此曲线即可查出析晶的上限和下限温度值。在时间允许的条件下，还可以采用晶体光学方法对析晶情况作进一步分析。

六、思考题

（1）如何正确测得玻璃的析晶温度范围？
（2）玻璃析晶对玻璃产品质量有何影响？
（3）在玻璃生产中如何防止玻璃析晶？

实验十七 石英玻璃软化点的测定

一、实验目的

(1) 通过石英玻璃软化点的测定,要求掌握其测试方法。

(2) 认识测定玻璃软化点对确定退火工艺和玻璃加工工艺所具有的意义。

二、实验原理

玻璃不同于其他形态的物质,它没有固定的熔点,也就是说玻璃没有一个固定的突然转变为液体的一定温度。当玻璃受热时,这个转变是慢慢地进行的。玻璃由固态转变为液态,是在一个极广的温度范围内进行的,这个温度范围通常称为玻璃的软化温度范围。

在玻璃的软化温度范围内,有软化始点和软化终点之分。所谓软化始点,是指实验时被测试样在 20 g 荷重下测量的温度。所谓软化终点就是在实验时,被测试样在本身自重下测定的温度。因此,在表示玻璃软化点温度时,应当指出在多少黏度值下的玻璃软化点温度。

玻璃的软化点是玻璃的主要工艺性质之一,它与玻璃的组成有着密切关系。例如 B_2O_3、BaO、Na_2O、K_2O、Li_2O、Fe_2O_3、MnO 和 PbO 等,这些氧化物能降低玻璃的软化点温度,而对于 Al_2O_3、CaO、MgO、SiO_2、ZrO_2 和 TiO_2 等,这些氧化物能提高玻璃的软化点温度,因此在玻璃生产中,可用测定玻璃的软化点来控制玻璃的组成相对稳定。另外,测定玻璃的软化点还可为确定玻璃的退火温度以及玻璃灯加工等提供有用的依据。

玻璃软化点的测定方法过去按照苏联国家标准采用荷重伸长法,而目前大多数按照美国 ASTM 标准采用自重伸长法,也有利用热膨胀仪,根据膨胀曲线来确定玻璃软化点温度的方法。对荷重伸长法,其所测得的软化点温度所对应的黏度值 $\eta = 10^{9.5}$ Pa·s($10^{10.5}$ P),而自重伸长法所测得的软化点温度所对应的黏度 $\eta = 10^{6.6}$ Pa·s($10^{7.6}$ P),在膨胀曲线下所确定的软化点温度所对应的黏度 $\eta = 10^{11}$ Pa·s($10^{12.0}$ P),本次实验按照美国 ASTM 标准测定。

本实验采用拉丝法测定石英玻璃的软化点,悬挂于拉丝法黏度测试炉(图 17.1)中的试样受热时,黏性伸长速度为

$$v = 200\frac{(dlDg - 2\sigma)L}{d\eta}$$

式中：

　　ν——试样的伸长速度，mm/min；

　　L——参加形变的有效长度，cm；

　　l——试样下端到均温区中心的长度，cm；

　　D——试样的密度，g/cm^3；

　　g——重力的加速度，cm/s^2；

　　σ——表面张力系数，dyn/cm；

　　d——试样的直径，cm；

　　η——黏度，P。

本测试中：$d = 0.055 \pm 0.001$ cm；$\sigma = 300$ dyn/cm；$g = 980$ cm/s^2；$D = 2.21$ g/cm^2；$L = (11.4 \pm 0.85)$ cm；$l = (15.0 \pm 0.1)$ cm；$\eta = 10^{7.6}$ P($10^{6.6}$ Pa·s)，由公式可算出在软化点时试样的伸长速度为 $\nu = (1.23 \pm 0.09)$ mm/min，当试样在指定时间内的伸长速度为此值时，相应的均匀区的炉温即为该材料的软化点，精度为 ± 6 ℃。

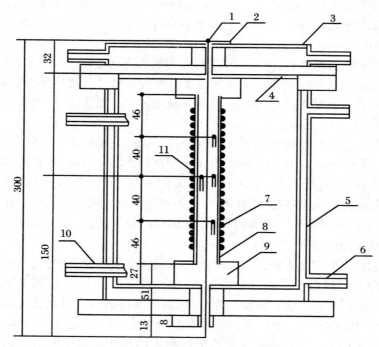

图 17.1　拉丝法黏度测试炉示意图

1. 试样；2. 挂丝板；3. 炉盖；4. 陶瓷棉毡；5. 炉体；6. 水管；7. 炉丝；

8. 氧化铝管；9. 泡沫氧化铝垫块；10. 气管；11. 热电偶

三、实验仪器与试剂材料

仪器:RHY-Ⅰ玻璃软化点测试仪。
试剂材料:玻璃棒、无水乙醇。

四、实验步骤

1. 试样准备

取直径为(10 ± 1)mm、长200 mm以上的无气孔、无气线的石英玻璃棒1根,经无水乙醇净化处理后,用石英玻璃拉丝机拉丝。拉丝速度应保持在(3.5 ± 0.5)m/min。同时按等体积原理算出合适的下棒速度,使拉成丝条的标称直径为0.55 mm,公差为±0.01 mm。

选取长为320 mm的丝条10根,将丝条一端烧成直径为2 mm左右的小球,球心应与丝条轴线相合,之后截成长(300 ± 1)mm的试样(不包括小球)。

2. 测试步骤

(1) 在测试炉中通以冷却水和氮气后,接通电源,使其加热到设定软化点的温度值。氮气流量为$1\sim2$ L/min。

(2) 测定并调节温度场的温度轴向分布,使其均匀区长度为8 cm,温度不均匀度在±2 ℃以内。温度均匀区的中心位置与挂丝板上平面的距离应为150 mm。

(3) 将试样用无水乙醇擦净,挂在挂丝板上,慢慢插入炉中(插入时间应在20 s内),插好后立即开始用秒表记录时间,用测速装置观测试样末端的位置变化。当试样长度在$2\sim3$ min内的变化量满足(1.23 ± 0.09)mm时,记录温度。如此重复测试,取三次有效测试的平均温度值,即为该试样的软化点。

(4) 以上测试均以试样在测试温度下加热3 min内不产生析晶为前提,如遇样品析晶,应空烧炉子,直至在所要求的时间内样品不析晶后再进行测试。

五、数据记录与测试报告

1. 数据记录

数据记录格式见表17.1。

表17.1 实验数据记录表

序号	不同时间丝条的伸长速度(mm/min)				温度(℃)	软化点(℃)
	16~17 min	17~18 min	18~19 min	19~20 min		
1						
2						

2. 测试报告

测试报告见表17.2。

表 17.2　测试报告

序号	试样在 2～3 min 内的伸长速度（mm/min）	温度（℃）	软化点（℃）
1			
2			
3			

六、思考题

（1）在玻璃组成中，有哪些组成对软化点起主要作用？为什么？

（2）在本实验的测试中对结果产生影响的因素有哪些？如何克服？

（3）玻璃软化点温度测试对生产有何指导意义？

实验十八　玻璃线膨胀系数的测定

一、实验目的

(1) 掌握测量玻璃热膨胀系数的测试方法和原理，认识测定玻璃热膨胀系数的意义。

(2) 利用该方法来指导学生生产和进行玻璃研究。

二、实验原理

物质在受热时，体积将发生热膨胀，其膨胀的程度大小，通常用物质的线膨胀系数或体膨胀系数来表示。所谓线膨胀系数，是指当物体温度升高 1 ℃时，在其原长度上所增加的长度，一般用 α 来表示。所谓体膨胀系数，是指当物体温度升高 1 ℃时，在其原体积上所增加的体积，一般用 β 来表示。

对于玻璃的热膨胀系数，通常情况下用线膨胀系数来表示。玻璃的热膨胀系数是玻璃的重要性质之一，它与玻璃的其他性质有着极密切的关系，例如，玻璃的热稳定性、玻璃的机械强度、密度、软化点温度。因此，测定玻璃的热膨胀系数，在实际应用中有着重要作用，例如，玻璃与金属的封接、玻璃与玻璃的封接、玻璃与陶瓷的封接，对其热膨胀系数的要求都有一定的规定，要求两者的热膨胀系数相互匹配。如果两者的热膨胀系数不相匹配，则在封接或熔封时会发生脱落、炸裂等现象。另外，对于玻璃的成形、退火和钢化等工艺制度的制定有着指导性作用，所以测定玻璃的热膨胀系数，对于玻璃的生产、加工和研究都有着重大意义。

影响玻璃热膨胀系数的主要因素是玻璃的化学组成，例如，在玻璃中增加碱金属氧化物，如 Na_2O、K_2O 等的含量，能使玻璃的热膨胀系数增大；相反，在玻璃中增加二氧化硅、氧化硼等，能使玻璃的热膨胀系数降低。另外，热膨胀系数的变化与玻璃的结构也有关系。

玻璃的热膨胀系数还与温度有关，在转变温度以下，玻璃的热膨胀系数与温度呈直线关系。因此在表示玻璃的热膨胀系数时，一定要注明该热膨胀系数的温度值。例如，$\alpha_{0\sim300} = 90 \times 10^{-7}/℃$，就是表示由 0 ℃开始，在 300 ℃时玻璃的热膨胀系数为 $90 \times 10^{-7}/℃$，对于玻璃材料通常都是在 300 ℃时的热膨胀系数，为了方便起见，规定该点可不标温度，除此温度以外，都应加以注明，例如 $\alpha_{室温\sim400}$、$\alpha_{室温\sim500}$ 等，而对于陶瓷材料通常可根据需要测定到 800 ℃左右。

三、实验仪器与试剂材料

仪器:PCY 型高温卧式膨胀仪。

试剂材料:玻璃棒。

四、实验步骤

1. 试样准备

(1)试样尺寸:长度(50±2)mm,可以是直径 6~10 mm 的圆棒,也可以是截面 5~7 mm 的正方形棒。

(2)试样状态调节:在温度 23 ℃、相对湿度(50±5)%的环境下,不少于 40 h 后再进行实验。

(3)每组试样不少于 3 个。

2. 样品测试

(1)把试样两端磨平,用游标卡尺测量两个状态调节后的试样长度,精确到 0.02 mm。

(2)将试样慢慢放入石英试样管内,使试样与顶管保持直线,然后查看千分表预压读数是否为 2~3 mm,如果不是,松开千分表固定螺丝,移动千分表,满足要求后锁紧固定螺丝并清零,再慢慢将电炉推入试样管中。

(3)检查各部分的连线是否符合实验的基本要求。

(4)打开电源,连接计算机,使计算机处于程序运行用户界面,按要求设置试样基本参数。升温速度不宜过快,以(1±0.2)℃为宜,使整个测试过程均匀升温。

五、数据记录与数据处理

通常所说的热膨胀系数是指线膨胀系数,其意义是温度每升高 1 ℃时单位长度上所增加的长度。假设物体原长为 L_0,温度升高后长度增加量为 ΔL,则

$$\Delta L / L_0 = \alpha \Delta T$$

式中,α 为线膨胀系数,即温度每升高 1 ℃时,物体的相对伸长。

热膨胀系数实际上并不一定是一个恒值,而是随温度的变化而变化,所以上述热膨胀系数都是在一定温度范围(ΔT)内的平均值。

六、思考题

(1)玻璃线膨胀系数的影响因素有哪些?

(2)测定玻璃的热膨胀系数对玻璃生产有何指导意义?

实验十九　玻璃化学稳定性的测定

一、实验目的

(1) 了解测定玻璃化学稳定性的意义。

(2) 掌握测定玻璃化学稳定性的原理和方法。

二、实验原理

玻璃的化学稳定性,也称安定性、耐久性或抗蚀性。化学稳定性是指玻璃在各种自然气候条件下抵抗气体(包括大气)、水、细菌及在各种人为条件下抵抗各种酸液和其他化学试剂、药品溶液的侵蚀破坏能力。

玻璃的化学稳定性是玻璃的一个重要性质,也是衡量玻璃制品质量的一个重要指标,因为任何玻璃制品的任何用途都要求玻璃具有必要的稳定性。当玻璃的化学稳定性差时,平板玻璃在仓库储存或在运输的过程中就会因潮湿而粘片,光学仪器的玻璃零件就会因发霉生斑而影响透光性和成像质量,严重时甚至报废。玻璃化学仪器因受侵蚀而影响分析结果,保温瓶的瓶胆会因受开水作用而脱片进而影响人体健康,特别是药用的包装瓶,如药瓶、盐水瓶等,会因玻璃脱片后进入药液中而影响药液的质量,甚至会危及生命。此外,葡萄酒、啤酒长期存放时也会因玻璃成分析出,使酒发生浑浊。因此,在这些产品的生产中必须严格地测定其化学稳定性,对于化学稳定性不合格的玻璃制品不能出厂使用,测定其化学稳定性对工厂生产也起着监督指导的作用。

玻璃化学稳定性的测定,包括玻璃的抗水性、抗酸性、抗碱性和脱片试验。在确要测定某种玻璃制品的化学稳定性时,一般是根据玻璃制品的用途而确定测定项目,然后再参照有关标准选择适当的测定方法和检验方法。常用的有玻璃粉末法和大块法(重量法)。

玻璃抗水化学稳定性的测定,通常采用的是粉末法,粉末法可以说是一种万能的方法,因为这种方法可以测定各种玻璃制品的化学稳定性(不管什么形状都可以加工成粉末试样)。粉末法的实质是将具有一定颗粒度的试样在某种侵蚀剂的作用下,在某一特定温度下保持一定时间,然后测定粉末损失的质量,或用一定的分析手段测定玻璃转移到溶液中成分的含量。

粉末法的特点是简单而快速,因为是玻璃粉末,表面积大,加大了与侵蚀剂的作用面积,而提取的组分也够大,可以消除某些偶然因素的影响。粉末法很容易受颗粒形状表面大小、温度、溶剂用量等因素的影响,因而测定精确度比较差,若不细心准备,不遵守一定规程,便难以获得精确结果。本实验是根据国际委员会推荐方法,采用 DIN 12111 法(德国工业技术标准)来测定玻璃的抗水化学稳定性。

本方法根据酸碱中和原理,采取对玻璃强化试验,进行抗水性能测定。

当玻璃与侵蚀介质接触时,就会发生溶解和侵蚀,其程度取决于玻璃组成及其结构,这种破坏过程是极其复杂的。对于一般工业玻璃来说,其主要成分是硅氧。当溶解发生时,玻璃各组分以其在玻璃中存在的比例同时进入溶液中(如氢氧化物溶液、碳酸盐溶液、磷酸盐溶液、磷酸和氢氟酸等)。此时,不仅玻璃中的硅酸盐部分溶解,游离的硅氧部分(硅氧四面体)也发生溶解,使玻璃整体受到破坏。在以水为侵蚀介质的情况下,当侵蚀发生时,首先是水溶性硅酸钾、硅酸钠和硅酸钡、硅酸钙等碱性金属氧化物和碱土金属氧化物溶于水,其次是镉、锑等氧化物所形成的硅酸盐部分被水解,而不溶的水解产物积聚于玻璃表面形成保护膜,从而阻碍了进一步的水解反应,随时间增长,表面侵蚀过程很快地减慢。

严格地说,不仅硅酸盐玻璃会与水作用,任何一种玻璃都会与水作用,例如,对于非硅酸盐玻璃如磷酸盐、硼酸盐和氟化物玻璃等,由于其主要形成剂 P_2O_5、B_2O_3、BeF_2 等有明显的可溶性和吸湿性,因而在这些玻璃的表面不会形成保护膜,在潮气中很快就会被破坏,所以其化学稳定性大大低于硅酸盐玻璃。

从上面讨论的侵蚀机理来看,应该可以模仿玻璃制品的使用条件来测定玻璃的化学稳定性,但是,实际上大多数实用玻璃都具有较高的化学稳定性,这就使得以完全接近实际使用情况的实验条件来对其进行测定也是很困难的。因此,测定时往往采用强化实验条件的方法,如增加试样表面积、提高实验温度或压力等来缩短所需的时间。

三、实验仪器与试剂材料

仪器:水浴锅、冷凝管、滴定管、锥形瓶(500 mL 或 250 mL)、烘箱、研钵等。

试剂材料:中性蒸馏水、标准盐酸(0.01 mol/L)、NaOH 溶液(0.5 mol/L)、Na_2CO_3 溶液(0.25 mol/L)、甲基红指示剂(0.1%)、磁铁。

四、实验步骤

1. 试样的制备

取约 50 g 待测玻璃样品,在铁钵中研碎,用 64 目和 144 目的标准筛过筛,取通过 64 目筛面留 144 目标准筛上的颗粒 10~15 g。将玻璃用磁铁除铁后,用自来水冲洗数次,至冲洗液中无浑浊为止,然后用蒸馏水洗 3 次,再用无水酒精洗 1 次,在 125 ℃下烘 0.5 h,然后置于干燥器中备用。

实验装置如图 19.1 所示。

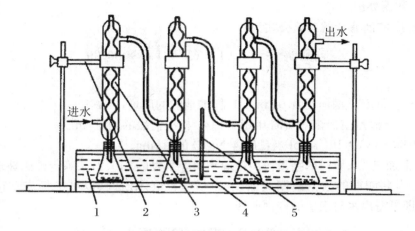

图 19.1　粉末滴定法测定玻璃耐水性实验装置
1. 水;2. 铁架台;3. 回流冷凝管;4. 恒温水浴箱;5. 水银温度计

2. 操作方法

用分析天平精确称量 2 g 样品,共 4 份,分别加入预先用酸液处理过的 250 mL 烧瓶中,加入蒸馏水 50 mL,在沸水浴中(98~100 ℃)加热,同时装好回流冷凝管。在加热时,每隔片刻,将瓶中样品及溶液摇动一次。一个样品按上述加热 0.5 h 后,即卸去回流冷凝管。冲洗冷凝管内壁及烧瓶口壁,并移入烧杯中,加 1~2 滴甲基红指示剂,用 0.01 mol/L 盐酸溶液滴定。由消耗的 HCl 溶液计算沥滤出来的 Na_2O 的量,以每克样品中析出 Na_2O 的质量(mg)表示。

其余的样品按以下规定处理:第 2 个样品加热 1 h,第 3 个样品加热 1.5 h,第 4 个样品加热 2 h,其他步骤均与处理第 1 个样品相同。同时,用同样方法以蒸馏水做空白试验,在水浴中加热 1 h,测定并排除由于蒸馏水和玻璃烧瓶作用而引入的碱含量。

五、数据记录与数据处理

1. 数据记录

数据记录见表 19.1。

表 19.1　玻璃化学稳定性实验数据记录表

试样编号	加热时间(h)	滴定耗用 HCl(mL)	Na_2O 的沥滤量
1	0.5		
2	1		
3	1.5		
4	2		

2. 数据处理

Na_2O 的沥滤量的计算公式为

$$w_{Na_2O} = \frac{1}{2} \times 0.01 \times (V - V_1) \times 30.99$$

式中：

V——滴定试液所需 0.01 mol/L 标准盐酸的用量，mL；

V_1——滴定空白试液所需 0.01 mol/L 标准盐酸的用量，mL；

30.99——1×10^{-3} mol 当量所含 Na_2O 的量，mg。

以上加热 1 h 所得的结果按照玻璃水解等级表(表 19.2)来确定被测玻璃的水解等级，并将测得的数据绘制成曲线，以横坐标表示时间，以纵坐标表示侵蚀量 (mg)，即可得出水对玻璃的侵蚀曲线。

表 19.2　玻璃水解等级表

水解等级	消耗 0.01 mol/L HCl 体积(mL)	析出 Na_2O 量(mg/g 玻璃)
1	0～0.10	0～0.031
2	0.10～0.20	0.031～0.062
3	0.20～0.85	0.062～0.264
4	0.85～2.00	0.264～0.620
5	2.00～3.50	0.620～1.080

六、思考题

(1) 测定玻璃的化学稳定性有何意义？

(2) 玻璃的化学稳定性与哪些因素有关？

实验二十　玻璃瓶耐冲击强度测定

一、实验目的

(1) 掌握冲击试验机的操作方法。
(2) 了解瓶罐受冲击时破损的主要原因。

二、实验原理

在玻璃瓶生产、包装运输和罐装过程中,由于在玻璃表面产生的微观缺陷,玻璃的实际抗张强度远小于理论值,大约只有 68.6 MPa(700 kgf/cm²)。由于瓶罐的形状复杂,生产中产生的缺陷也多,因而其实际强度比上述值要小得多。

瓶罐在使用中由于使用条件不同,会受到不同的应力作用,可分为内压强度、耐热冲击强度、机械冲击强度、瓶罐翻倒强度和垂直荷重强度等。一般来说,以上几种强度对瓶罐的检验都会产生影响,但从导致瓶罐破裂这个角度看,其直接原因几乎都是机械冲击作用。瓶罐在运输、罐装过程中经受多次划伤和冲击,这主要是瓶子之间及瓶子与设备间的摩擦和碰撞产生的。由于机械冲击造成的破损与受冲击的位置、冲击性质及瓶子的划伤情况等有关,因而难以制定一个定量的冲击强度标准,一般各厂商均依据各种不同瓶罐种类自行确定一个冲击强度范围值来控制瓶罐质量。

一般采用在瓶罐外壁面进行打击的方法来进行冲击强度测定,由图 20.1 可见,在打击点处产生集中应力,瓶罐内壁产生弯曲应力,而在距离打击点约 40 μm 处产生扭转应力。

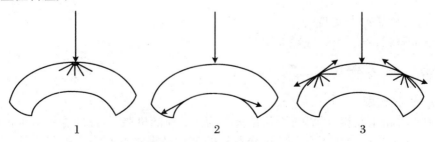

图 20.1　瓶罐冲击破坏的形态
1. 集中应力;2. 弯曲应力;3. 扭转应力

1．集中应力

打击点处的集中应力使瓶罐表面局部凹陷,而且出现圆锥状的伤痕或破损,尽管集中应力较大,由于发生在局部,在壁厚够大时,造成破损较小。

2．弯曲应力

弯曲应力仅次于集中应力,在受到冲击时整个瓶壁向内弯曲,瓶罐内壁产生强应力,由于一般瓶壁内表面不易造成划伤,因而由弯曲应力造成的破损也比较少。

3．扭转应力

尽管这种应力值较小,但其在瓶罐受冲击时作用在支点上,会造成瓶罐的外表面产生强应力。由于瓶罐外表面容易有较明显的划伤存在,因而实际上瓶罐的破损几乎都是由扭转应力引起的。

本实验利用摆锤自由下放摆动冲击瓶子进行测试,冲击能量由摆锤摆出角度来进行计算。定性地说,摆动角度越大,摆锤具有的初始势能就越大,瓶罐受冲击时,摆锤加到瓶罐上的冲击能也越大。实验装置图如图 20.2 所示。

图 20.2　瓶罐冲击实验机

三、实验仪器与试剂材料

仪器:瓶罐冲击实验机。

试剂材料:不同类型瓶罐玻璃若干。

四、实验步骤

1．试样选取

由于冲击值是统计结果,因而被检测的样品应随机取样,此时根据数据的可靠性要求,一般取样应大于 50 个,这样取样的测试结果才具有一定的代表性和可靠性。在取样量较大时可看出其耐冲击强度值接近于正态分布,一般工厂测试以 30 个样品进行测算已可以得到较为满意的结果。

2．操作方法

（1）使摆锤处于自由垂直状态,将受检瓶置于底支架上并顶住后支架。调节好后支架、底支架位置以及实验架位置,使瓶罐的受检部位刚好能接触到垂直状态的摆锤头部。

（2）调节手柄,使定位尺转到与所给定的实验冲击能量对应的位置,用锁紧螺钉固定这一位置,以防止螺轮螺杆的间隙造成的误差。然后将摆锤抬起置于定位尺的机扣上,这时摆锤处于准备冲击的状态,此时应记下这时的冲击能量值。

（3）扳动定位尺的机扣,释放摆锤,使瓶罐受到事先给定的冲击能量,进行检测。

3．通过性实验

根据实验规定的应当承受的冲击能量做通过性实验。按上述操作步骤进行调整,使瓶罐的冲击位置在试样的最大应力处或者瓶罐外表面最易划伤的地方。一般瓶罐的冲击点为试样圆圈上相隔约为 $120°$ 的 3 个位置,而且应避开瓶罐的合缝处。最后根据破损的情况测算瓶罐的合格率。

4．递增性实验

冲击能量由低能量至高能量逐级进行冲击实验,直至试样破坏为止。除了在打击中注意通过性实验中的几点外,还应按规定的段级逐段递增,并相应记录破坏时的能量级。

五、数据记录与数据处理

1．数据记录

实验数据记录格式见表20.1。

表 20.1　实验数据记录表

产品名称	测试部位	表现应力范围				耐冲击角度破碎记录
		1	2	3	4	

2．数据处理

将冲击角度按一定范围取出较小的间隔,然后按这个间隔逐级提高冲击能量,并测出样品整体中破碎的个数。将上述所测结果,按能量的逐级提高间隔画出直方图。

六、思考题

（1）为什么要将检测的瓶罐刚好靠在摆锤的自由铅垂位置?

（2）为什么应力值较小的扭转应力往往能导致制品的破裂?

实验二十一　玻璃透射光谱曲线的测定

一、实验目的

(1) 明确透光率和光密度的概念。
(2) 掌握玻璃透光率的测定方法。

二、实验原理

玻璃是透明或半透明材料。其透光性对于光学玻璃、颜色玻璃和平板玻璃等来说是很重要的性质。测定这些玻璃的透光性对于玻璃的生产和应用都有较重要的意义。

光线射入玻璃时，一部分光线通过玻璃，一部分则被玻璃吸收和反射，不同性质的玻璃对光线的反应是不相同的，无色玻璃（如平板玻璃）能大量通过可见光，有色玻璃则只让一种波长的光线透过，而其他波长的光线则被吸收掉。因此对玻璃光学性能的研究，尤其对颜色玻璃来说是很重要的。

玻璃的透光性能用透光率或光密度来表示，透光率是通过玻璃的光流强度和投射在玻璃上的光流强度的比值（以百分比表示），即

$$T = \frac{I}{I_0} \times 100\%$$

式中：

T——透光率，%；

I——透过玻璃的光流强度；

I_0——投射在玻璃上的光流强度。

玻璃的透光率不仅取决于投射和在玻璃上通过的光流强度，而且还与玻璃的厚度 d、着色剂浓度 c 和该着色剂的单位吸收率 K 等有关。在测定玻璃的透光率时，玻璃厚度不同，透光率就不同，因此通常所说的玻璃透光强度，是指厚度 d 为 1 cm 时玻璃的透光能力。根据朗伯－比尔定律，玻璃的厚度 d 与其透光率 T 有如下关系：

$$I = I_0 \mathrm{e}^{-Kcd}$$

即

$$- \ln T = Kcd$$

通常，$- \ln T$ 称为玻璃的光学密度，用 D 表示。$D = - \ln T = Kcd$，即光学密

度与着色剂 c、玻璃层的厚度 d 和着色剂的吸收系数 K 成正比。若以光密度为纵坐标,以波长为横坐标,作出玻璃的光谱曲线,就可大致确定该玻璃的光学特性。

　　本实验利用分光光度计测定不同厚度平板玻璃透光率的变化和颜色玻璃的光谱曲线。它采用自准式光路单光束方法,波长范围为 $360\sim800\,\mathrm{nm}$,其光学系统如图 21.1 所示。

　　由光源灯 1 发出的连续辐射光谱,射到聚光透镜 2 上会聚后再通过平面反射镜 7 转角 $90°$,反射到入射狭缝 6 及单色器内,狭缝反射到 6 正好位于球面准直镜 4 的焦点平面上,当入射光经准直镜 4 反射后,以一束平行光射向棱镜 3(棱镜的背面镀铝),光在棱镜中色散,棱镜角处于最小偏向角,色散后的单色光在铝面上反射,依原路至准直镜,再反射会聚在狭缝上,经光栏 8 调节光量,射到聚光透镜 9 上,聚光后进入比色皿 10 中,透过试样到光电管 13,所产生的光电流大小表示试样对相应波长光的透过率。转动分光光度计棱镜 3 的角度,可调节射入狭缝的光的波长,以此来选择单色光。

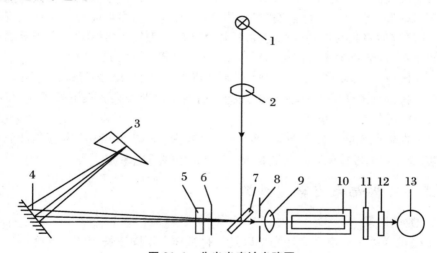

图 21.1　分光光度计光路图

1. 光源灯;2. 聚光透镜;3. 色散棱镜;4. 准直镜;5. 保护玻璃;6. 狭缝;7. 反射镜;8. 光栏;9. 聚光透镜;10. 比色皿;11. 光门;12. 保护玻璃;13. 光电管

三、实验仪器与试剂材料

仪器:分光光度计、镊子。

试剂材料:不同颜色玻璃、酒精、脱脂棉、镜头纸。

四、实验步骤

1. 试样准备

选择无缺陷的玻璃,切裁、研磨抛光后成 $50\,\mathrm{mm}\times14\,\mathrm{mm}\times2\,\mathrm{mm}$ 片状试样,平

板状玻璃直接切成 50 mm×14 mm 尺寸即可使用,用酒精擦洗,并用镜头纸擦净。

2. 测试步骤

(1) 手持试样边缘,将其嵌入弹性夹内,并放入比色器座内靠单色器一侧,用定位夹固定弹性夹,使其紧靠比色器座壁。

(2) 在仪器尚未接通电源时,用电表校正螺丝调节电表指针,使其在"0"刻度线上。

(3) 接通稳压电源,打开仪器开关,打开比色器暗盒盖,将仪器灵敏度调至"1"位。调节"0"电位器使电流表指针在"0"刻度线上,仪表预热 20 min 后,旋转波长旋钮选择需用的波长,用"0"电位器使电表指针准确处于"0"刻度线上。

(4) 使比色器座处于空气空白校正位置,轻轻地将比色器暗箱盖合上。这时暗箱盖将光门挡板打开,光电管受光,调节"100%"电位器,使电表指针准确处于"100%"处。

(5) 放大器灵敏度有 3 挡,是逐步增加的,其选择原则是保证在校正时能良好地调节"100%"电位器。在能使指针至满度线的情况下,尽可能地采用灵敏度较低的挡,这样仪器将具有更高的稳定性,所以使用时一般置于"1"挡,只有当灵敏度不够时再逐渐升高,但改变灵敏度后需要重新校正"0"位及"100%"位。

(6) 按(2)、(4)步骤连续几次调"0"和"100%"后无变动,即可以进行测定。

(7) 将待测试样推入光路,电流表指针所指示值即为某波长下的透光率 T,或光密度 D,其中 $D = -\lg T$。

(8) 在单色光的波长为 360~800 nm 范围内,每隔 20 nm 测定颜色玻璃试样光密度 D。对平板玻璃测定其波长为 560 nm 处的透光率 T。

五、数据记录与数据处理

1. 数据记录
记录试样的平均厚度和透光率以及各种试样在不同波长下的光密度。
2. 数据处理
绘制颜色玻璃的光谱曲线,讨论、评定测试结果。

六、思考题

(1) 单色透过率与总透过率有何异同点? 说明它们之间有无联系。
(2) 试样厚度为什么会对透光率产生影响?

实验二十二　玻璃介电损耗和介电常数的测定

一、实验目的

（1）了解电介质介电损耗与介质损耗角正切值的基本概念。

（2）掌握用 Q 表测定玻璃介质损耗角正切值的原理和方法。

二、实验原理

电介质在外加电场作用下，会使极板间的电介质发热，电介质发热损耗的电能，称作介电损耗。这种损耗无论在直流电场或交流电场中都会发生。不过电介质在直流电场作用下介质没有周期性损耗，其损耗基本由漏导电流产生，而在交流电场作用下，电介质除了漏导电流的损耗外，还有交变极化引起的损耗、结构不均匀引起的损耗等。由于电场的频繁换向，电介质的这种损耗比在直流电场作用下的损耗大，因此介质损耗是指交流电流在通过电介质时由电能转变为热能的那部分能量。由于这种损耗的结果，在突变电场中使电介质的温度升高而破坏电气仪表的正常工作，装有理想电介质（如干燥空气较为接近理想介质）的电容器仅具有容抗，因此没有发热现象。可是用玻璃做成的电容器，不仅具有容抗，还具有有效阻抗。这类电容器吸收一定数量的电能，形成介电损耗。

玻璃中的介电损耗由电导损耗、松弛损耗和结构损耗三部分组成。

电导损耗由玻璃的导电性决定。玻璃不是理想的绝缘体，不可避免地存在一些弱联系的导电载流子。在电场作用下，这些导电载流子将做定向漂移，在介质中形成传导电流。传导电流的大小由电介质本身的性质决定，这部分传导电流以热的形式消耗掉，称之为电导损耗。

松弛损耗与结合较弱的离子的热运动有关，在玻璃开始软化的温度区增长很快，并随着电流频率的增高而增大，在高频区内（极化频率以下），主要是这类损耗。

结构损耗是在高频、低温的环境中，一种与介质内部结构的紧密程度密切相关的介质损耗。结构损耗与温度的关系很小，损耗功率随频率升高而增大，但 tan δ（介电损耗正切值）则和频率无关。实验表明：结构紧密的晶体或玻璃体的结构损耗都是很小的，但是当某些原因（如杂质的掺入，试样经淬火急冷的热处理等）使它的内部结构变松散了，会使结构损耗大为提高。

　　玻璃中哪种损耗占优势,取决于外界因素——温度和外加电压的频率。在高频和高温下,电导损耗占优势;在高频下,主要是由联系弱的离子在有限范围内的移动造成的松弛损耗;在高频和低温下,主要是结构损耗,其损耗机理目前还不清楚,大概与结构的紧密程度有关。

　　玻璃的介电损耗是玻璃电学性能的一个重要指标,尤其对于电真空玻璃是十分重要的。测定这一性能,对于电真空玻璃的生产、电子器件的选择等,具有一定的指导和保证作用。介电损耗的测定有许多方法,通常采用 Q 表法。本次实验采用 QBG-1A 型 Q 表测定。

三、实验仪器与试剂材料

　　仪器:Q 表(QBG-1A 型,带测试夹具)、电热干燥箱、干燥器、外径千分卡尺(或游标卡尺)。

　　试剂材料:玻璃片、乙醇、低温银膏(无夹具时用)。

四、实验步骤

1. 试样的制备

（1）选取无气泡、砂点和条纹等缺陷的圆片玻璃,直径为 40 mm。

（2）试样两面经金刚砂研磨后,厚度为 (2.5 ± 0.5) mm,试样不少于 6 个。

（3）试样应进行退火,消除应力,再用蒸馏水、无水乙醇洗干净,然后放在105 ℃烘箱中烘 1 h,在干燥器中冷至室温。在无测试夹具时,在两平面涂上低温银膏,置于马弗炉中烧至 460~500 ℃,保温 10 min,然后慢慢冷至室温,要求表面银层紧密、均匀、导电良好,最后在砂纸上磨去边缘的银层,再用乙醇清洗干净。

（4）将玻璃试样编号,用卡尺测量玻璃试样 3 处的直径和厚度,取平均值作为试样的直径和厚度尺寸,并记录。

（5）实验频率:6×10^3 Hz(指电真空玻璃)。

（6）电极:若有测试夹具即电极为普通铜电极,直径 (50 ± 0.1) mm。

（7）实验环境:温度 (25 ± 2) ℃,相对湿度 (65 ± 5) %或实验室条件。

2. 样品测试

（1）仪器首先应安放在水平的工作台上。

（2）校正定位指示电表和 Q 值指示电表的机械零点。

（3）将"定位粗调"旋钮向减小方向旋到底,"定位零位校值"Q 值零位校值于中心偏左位置,微调电容器调到零。

（4）接通电源(指示灯亮),预热 30 min 以上,待仪器稳定。

（5）取一个电感量适当的电感线圈接在"LX"的两个接线柱上。

（6）将微调电容器调到零。

（7）调节讯号发生器频率至 6×10^3 Hz。

（8）调节"定位校值"，使定位表置于零，调节"定位粗调""定位细调"到指针至 QX1。

（9）调节主调和微调电容器至远离谐振点。调节 Q 值"零位校值"按钮，使 Q 表指针到零。

（10）调节主调和微调电容器至谐振点，Q 值读数为 Q_1，电容读数为 C_1（主调和微调度盘读数之和）。

（11）将被测量电极的接线接在"CX"两个接线柱上，把试样置于两个圆形平板电极之间，使电极和试样的中心重合，调节主调电容至谐振点，读取 Q 表和电容的值分别为 Q_2 和 C_2，在无测试夹具时，可在试样正反面涂上低温银膏，焊上导线，接在接线柱上（导线用银丝）。

（12）将各旋钮及开关复位，关闭电源。

五、数据记录与数据处理

1. 数据记录

数据记录见表 22.1。

表 22.1　实验数据记录表

试样序号	C_1	Q_1	C_2	Q_2	$\tan\delta(\times 10^4)$	平均值

2. 数据处理

介质损耗角正切值（$\tan\delta$）按下式计算（精确到 0.01）：

$$\tan\delta = \frac{(Q_1 - Q_2)(C_1 - C_0)}{(C_1 - C_2)Q_1 Q_2}$$

式中：

C_0——电感线圈的分布电容，一般可忽略不计；

Q_1，C_1——未接入试样时，回路的品质因素和电容；

Q_2，C_2——接入试样时，回路的品质因素和电容。

介电常数按下式计算：

$$\varepsilon = 14.4\frac{Cn}{D^2}$$

式中：

C——试样的电容量，nF；

n——试样的厚度，cm；

D——试样的直径,cm。

测试结果以 5 个试样的平均值表示,平行误差不大于 3×10^{-4}。

六、思考题

(1) 影响测试结果的主要因素有哪些?

(2) 玻璃的介电损耗与其组成有何关系?

(3) 玻璃的介电损耗性能对电真空玻璃质量的影响如何?

实验二十三　玻璃表面张力的测定

一、实验目的

（1）了解玻璃表面张力的概念及影响因素。
（2）掌握玻璃表面张力的测定方法。

二、实验原理

玻璃熔体的表面张力是玻璃生产制造过程中的重要参数，特别是在玻璃液的澄清、均化、成形、火焰抛光以及玻璃与耐火材料相互作用等过程中，表面张力的作用表现得十分明显。玻璃液的表面张力对制品的成形是有利因素，但有时也是降低产量和质量的重要因素。因此，研究玻璃在高温条件下的表面张力对其生产过程至关重要。

玻璃在固体状态时，表面的原子失去了流动性，很难通过实验直接测量其表面张力，而在高温条件下，玻璃熔体的密度、形状、润湿角很难精确测量，因此玻璃表面张力测量方法也有一定的难度。另外，高温状态下的氧化、吸附、界面反应等因素也使实验测定难度进一步增大，致使玻璃表面张力的相关数据至今还很缺乏。

本实验采用玻璃丝收缩法测定软化温度范围内的表面张力。仪器的测试原理是：将一定长度与直径的玻璃丝自由悬挂于一定温度的电炉中，使玻璃丝局部受到加热，在升温至保温的过程中，玻璃丝起初因受热膨胀而伸长，继之处于炉内高温带的玻璃丝因软化在表面张力作用下开始收缩，结果在这段玻璃丝上形成了一个橄榄型的结节。当软化部分玻璃的表面张力与下端玻璃丝重量达到平衡后，结节不再增大，通过测定下端玻璃丝的重量，便可计算出在保温温度下玻璃的表面张力，如图23.1所示。

三、实验仪器与试剂材料

仪器：BML-2玻璃表张力测定仪。
试剂材料：玻璃棒。

四、实验步骤

1. 试样的制备

用玻璃棒拉成直径为 $0.17\sim0.27$ mm 的玻璃丝，要求玻璃丝全长呈圆形，粗

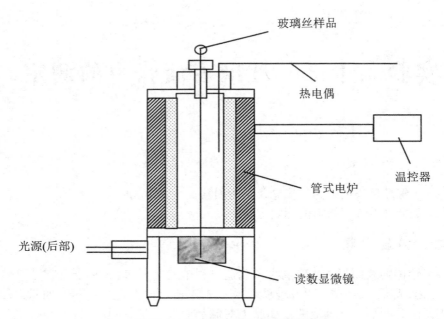

图 23.1 玻璃表面张力测定仪原理图

细均匀,直径误差不超过 0.05 mm,通过实验来确定长度。

2. 试样测试

(1) 将试样的一端烧成一个小圆球,悬挂在穿有小孔的铁片中,然后安放在电炉炉管的中心,必须注意勿使玻璃丝与炉管相碰。热电偶端放在炉内温度最高处(中心位置),冷端与控温仪相连,丝下端露出炉子外面,光源灯打开后在面板上有投影显示。

(2) 启动电源,并在之前检查连线是否正常,是否符合要求。设定好智能仪表 TCW-32B 的升温速率。按启动按钮后再将仪表置于运行状态,电炉方可正常升温。

(3) 面板投影读数用于观察玻璃丝长度变化,待试样不再缩短时,迅速将试样从炉中取出,在空气中冷却。

(4) 用卡尺或千分尺每隔 2 cm 测定玻璃丝直径一次,在玻璃丝变形开始处用金刚石刀切去,拿下的玻璃丝在天平上称量。

五、数据记录与数据处理

1. 数据记录

将实验结果记录于表 23.1 中。

表 23.1 实验数据记录表

试样编号	玻璃丝		玻璃丝下部的重量(g)	保温温度(℃)	玻璃表面张力(dyn/cm)
	直径(mm)	长度(mm)			

2. 数据处理

按下式计算某温度下玻璃的表面张力 δ(单位:dyn/cm):

$$\delta = \frac{2P}{\pi dg}$$

式中:

P——下端变形的玻璃丝质量(变形部分切掉后称量),g;

d——玻璃丝的平均直径,cm;

g——重力加速率,cm/s^2。

六、思考题

(1) 影响玻璃表面张力的因素有哪些?

(2) 玻璃表面张力对玻璃成形有何影响?

实验二十四　玻璃导热系数的测定

一、实验目的

（1）了解测定材料热导率的基本原理及方法，掌握测试仪器的操作方法。

（2）通过测定，要求对玻璃的析晶机理有所了解，熟练掌握测定方法及梯温电炉的制作要领。

二、实验原理

物质依靠质点的振动将热能传递至较低温度物质的能力称为导热性。物质的导热性以热导率 λ 表示。玻璃的热导率是用当温度梯度等于 1 时，单位时间内通过试样单位横截面积上的热量来测定的。

设单位时间内通过玻璃试样的热量为 Q，则

$$Q = \frac{\lambda S \Delta t}{\delta}$$

式中：

Q——热量，J；

S——横截面积，m^2；

Δt——温差，℃；

δ——厚度，m；

λ——热导率。

热导率表征物质传递热量的难易，其倒数值称为热阻。玻璃是一种热的不良导体，其热导率较低，介于 0.712~1.340 W/(m·K)之间。其热导率主要取决于玻璃的化学组成、温度和颜色等。

导热系数，又称导热率，是反映材料导热性能的重要参数之一，它不仅是评价材料热学特性的依据，也是材料在设计应用时的一个依据。由于材料结构的变化对导热系数有明显的影响，导热系数的测量不仅在工程实践中有重要的实际意义，而且对新材料的研制和开发也具有重要意义。热导率十分重要，在设计熔炉、设计玻璃成形压模以及计算玻璃生产工艺的热平衡时，首先都要知道材料的热导率。

测量导热系数的方法大体上可分为稳态法和动态法两类。本实验采用稳态法测量热不良导体的导热系数。所谓稳态法，是通过控制热源传热在样品内部形成

稳定的温度分布而进行的测量方法(为了维持一个恒定的温度梯度分布,必须不断地给高温侧铜板加热,热量通过样品传到低温侧铜板,低温侧铜板则要将热量不断地向周围环境散发出去。当加热速率、传热速率和散热速率相等时,系统就达到了一个动态平衡,称之为稳态)。

三、实验仪器及试剂材料

仪器:DRL-3 导热系数测试仪、压片机。

试剂材料:玻璃粉、导热硅脂。

四、实验步骤

1. 样品的制备

将玻璃粉压成直径 3 cm、厚度 0.02~20 mm 的片状,表面涂一层导热硅脂。

2. 样品测试

(1) 在保温桶中加入冰水混合物(冰∶水＝3∶1),设置所需温度(一般为室温),依次打开循环和制冷开关,水槽进入恒温状态。

(2) 打开仪器主机电源开关,启动计算机,运行 DRL 导热系数测试系统程序,进入导热系数测试界面,热极温控设置温度中输入热极温度值(一般高于恒温槽 40 ℃),点击"启动"。

(3) 压力清零:手动调节仪器测试头上下测试面相距 1~2 mm,按"菜单→清零操作→压力清零"步骤进行。

(4) 位移清零:当冷热极温度达到设置温度后,手动调节仪器测试头上下测试面吻合,并加压到实验所需压力(硅胶 50 N),按"菜单→清零操作→位移清零"步骤进行。

(5) 装样:手动调节仪器面板上的"卸载"按钮,使下测试杆下降到底,在样品的两个面涂覆导热硅脂(如热接触好的试样不需要涂抹),将样品放置在下热极上,关好仪器门。

将开关拨到自动,调小电机上升速度。按"菜单→加载方式→自动加压→定压(硅胶 50 N)"步骤进行。在"样品数据"栏中输入样品面积,选择"自动测量厚度"。

(6) 按"开始实验",仪器进入自动测试模式,直至温度稳定,自动卸载完成,电极回到初始位置,测试结束。如果只有一个样品,按"完成实验"。如果同一样品有几个不同厚度试样,放入另一厚度试样,按"继续实验"键,直至所有试样都测试完毕,按"完成实验"。

此时,弹出"输入报告信息"界面(按"菜单→生成报告"也可调出),输入相关信息后,确认,弹出检测报告。保存为 excel 或 pdf 格式,打印报告,粘贴在实验报告里。

(7) 实验结束后,取出样品,关闭仪器,退出运行程序。

五、注意事项

（1）加载时须调慢电机速度，卸载时可适当调大电机速度。

（2）测试头的测试表面应注意保护，不要磕碰，以免平面度下降。

（3）在菜单加载方式中选择"自动加压"或"手动加压"方式，自动加压方式中可选择"定压"或"定厚"，并输入设置数值。测试头给样品加载压力的目的是使上下测试头测量面与样品接触面的接触热阻尽可能小，减小对样品热阻测试的影响。对于较硬的样品，涂导热硅脂并加≥200 N 的力就可以了；对于较软的受压变形样品，我们可用压缩5%来确定压力，这样既可保证测试头和样品接触良好，也不会改变样品形状和性质。如有测试标准要求的，请按标准执行。

六、思考题

（1）导热系数的物理意义是什么？

（2）若试样直径大于 3 mm，会对测量结果有什么影响？

（3）仪器测试头表面上锈了或者不光滑了，会对测量结果有什么影响？

（4）样品表面涂导热硅脂有什么作用？

实验二十五 质谱法分析玻璃中的气泡成分

一、实验目的

(1) 了解玻璃中的气泡对玻璃性能的影响。

(2) 掌握质谱分析玻璃中气泡成分的方法。

二、实验原理

近年来,随着高新科技的飞跃发展,人们对玻璃制品的质量要求越来越高,随之对制品中的气泡要求也就越来越苛刻。这就迫使玻璃熔制技术人员加大力度研究玻璃中的气泡性质和来源。

在玻璃中常可以看到气泡。玻璃中的气泡是可见的气体夹杂物,是由玻璃中各种气体所组成的,不仅影响玻璃制品的外观质量,更重要的是影响玻璃的透明性和机械强度。因此它是一种极易引起人们注意的玻璃体缺陷。

气泡的大小一般为零点几毫米到几毫米。按照尺寸大小,气泡可分为灰泡(直径小于 0.8 mm)和气泡(直径大于 0.8 mm)。其形状也是各种各样的,有球形的、椭圆形的及线状的。气泡的变形主要是制品成形过程中造成的。气泡的化学组成是不同的,常含有 O_2、N_2、CO、CO_2、SO_2、氧化氮和水蒸气等。根据气泡产生原因的不同,可以分为一次气泡(配合料残余气泡)、二次气泡、外界空气气泡、耐火材料气泡和金属铁引起的气泡等。在生产实践中,玻璃制品产生气泡的原因有很多,情况很复杂。通常是通过在熔化过程的不同阶段中取样,首先判断气泡是在何时何地产生的,再详细研究原料及熔制条件,从而确定其生成原因,并采取相应的措施加以解决。

质谱法(Mass Spectrometry,MS)即用电场和磁场将运动的离子(带电荷的原子、分子或分子碎片,有分子离子、同位素离子、碎片离子、重排离子、多电荷离子、亚稳离子、负离子和离子-分子相互作用产生的离子)按它们的质荷比分离后进行检测的方法。测出离子准确质量即可确定离子的化合物组成。这是由于核素的准确质量是一个多位小数,绝不会有两个核素的质量是一样的,而且绝不会有一种核素的质量恰好是另一核素质量的整数倍。分析这些离子可获得化合物的分子量、化学结构、裂解规律和由单分子分解形成的某些离子间存在的某种相互关系等信息。

使试样中各组分电离生成不同荷质比的离子,经加速电场的作用,形成离子束,进入质量分析器,利用电场和磁场使发生相反的速度色散——离子束中速度较慢的离子通过电场后偏转大,速度快的偏转小;在磁场中离子发生角速度矢量相反的偏转,即速度慢的离子依然偏转大,速度快的偏转小;当两个场的偏转作用彼此补偿时,它们的轨道便相交于一点。与此同时,在磁场中还能发生质量的分离,这样就使具有同一质荷比而速度不同的离子聚焦在同一点上,不同质荷比的离子聚焦在不同的点上,将它们分别聚焦而得到质谱图,从而确定其质量。

质谱法还可以进行有效的定性分析,但对复杂有机化合物分析就无能为力了,而且在进行有机物定量分析时要经过一系列分离纯化操作,十分麻烦。而色谱法对有机化合物是一种有效的分离和分析方法,特别适合进行有机化合物的定量分析,但定性分析则比较困难,因此两者的有效结合将提供一个进行复杂化合物定性定量分析的高效工具。

质谱法特别是它与色谱仪及计算机联用的方法,已广泛应用在有机化学、生化、药物代谢、临床、毒物学、农药测定、环境保护、石油化学、地球化学、食品化学、植物化学、宇宙化学和国防化学等领域。用质谱计作多离子检测,可用于定性分析,例如,在药理生物学研究中能以药物及其代谢产物在气相色谱图上的保留时间和相应质量碎片图为基础,确定药物和代谢产物的存在;也可用于定量分析,用被检化合物的稳定性同位素异构物作为内标,以取得更准确的结果。

三、实验仪器与试剂材料

仪器:Questor-Ⅳ型质谱玻璃气泡分析仪、切割机、煤气喷灯。

试剂材料:玻璃片、Ar 气、CO_2、O_2、N_2、氢氟酸。

四、实验步骤

1. 样品制备

(1) 将组成为 1%Ar + 10%CO_2 + 10%O_2 + 79%N_2 的罐装标准混合气接入仪器中待测。

(2) 将含有气泡的玻璃切割成约 5 mm×5 mm×25 mm 的长条状,用 20%的氢氟酸浸泡 10~15 min,取出后在清水中刷去表面反应沉淀物,移入托盘中烘干。将烘干后的样品在煤气喷灯上加热熔化,拉制成直径小于 1.5 mm 的细玻璃棒,拉制时尽量将气泡拉长(0.5~5 mm 为佳),然后用砂轮将含有气泡的细玻璃棒截成(54±1)mm、气泡尖端距玻璃棒顶端 5 mm 的待测样品。

2. 仪器开机

系统初次启动时,首先开启机械泵,让预处理腔、样品室和质谱腔都获得初步的真空。其次开动分子泵,对各腔体继续抽真空。当样品室和质谱腔达到 1.3×

10^{-4} Pa(10^{-6} Torr)时,关闭其对外连接的阀门,开启离子泵,可使样品室和质谱腔获得 1.3×10^{-6} Pa(10^{-8} Torr)左右的高度真空。

3. 系统校正

当系统的真空度和各工作器件运行都达到稳定之后,就可对系统进行校正。

(1) 系统调谐:利用质谱腔的残余背景气体对系统进行调谐,以获得所测离子强度的最佳峰形和峰值。

(2) 信号放大器校正:用高纯氮气校正信号放大器,以获得不同大小的离子流束所需的放大电压。

(3) 标准气体校正:首先编写校正方法文件(Method 文件),根据自己的要求在此定义所要分析的气体种类。

4. 空白样校正

用 5 个不含气泡的细玻璃棒样品进行空白校正。

5. 样品测试

将玻璃棒样品装入样品罐中,有气泡的一端朝上,每次最多 15 个。样品罐在预处理系统下完成加热排水分、抽真空等预处理之后,将之装入样品室中,用离子泵继续抽真空。当样品室质谱腔中的真空度稳定之后(达到 1.3×10^{-6} Pa),编辑模板文件,运行测试程序,计算机将根据模板文件自动完成一系列测试过程,最后得到测试报表。分析罐装气体时,被测试的气体是从外部通过入口装置注入样品室中。

五、数据记录与数据处理

根据所得数据进行质谱定性分析。质谱图可提供有关分子结构的许多信息,因而定性能力强是质谱分析的重要特点。

表 25.1　一些常见的游离基和中性分子的质量数

质量数	游离基或中性分子	质量数	游离基或中性分子
15	$\cdot CH_3$	45	$CH_3CHOH\cdot$,$CH_3CH_2O\cdot$
17	$\cdot OH$	46	CH_3CH_2OH,NO_2,($H_2O+CH_2\!\!=\!\!CH_2$)
18	H_2O	47	$CH_3S\cdot$
26	$CH\!\equiv\!CH$,$\cdot C\!\equiv\!N$	48	CH_3SH
27	$CH_2\!\!=\!\!CH\cdot$,$HC\!\equiv\!N$	49	$\cdot CH_2Cl$
28	$CH_2\!\!=\!\!CH_2$,CO	54	$CH_2\!\!=\!\!CH\!-\!CH\!\!=\!\!CH_2$
29	$CH_3CH_2\cdot$,$\cdot CHO$	55	$\cdot CH_2\!\!=\!\!CHCHCH_3$
30	$NH_3CH_2\cdot$,CH_2O,NO	56	$CH_2\!\!=\!\!CHCH_2CH_3$

质量数	游离基或中性分子	质量数	游离基或中性分子
31	$\cdot OCH_3$，$\cdot CH_2OH$，CH_2NH_2	57	$\cdot C_4H_9$
32	CH_3OH	59	$CH_3O\dot{C}{=}O$，CH_3CONH_2
33	$HS\cdot$，$(\cdot CH_3 + H_2O)$	60	C_3H_7OH
34	H_2S	61	$CH_3CH_2S\cdot$
35	$Cl\cdot$	62	$(H_2S + CH_2{=}CH_2)$
36	HCl	64	CH_3CH_2Cl
40	$CH_3C{\equiv}CH$	68	$CH_2{=}C(CH_3){-}CH{=}CH_2$
41	$CH_2{=}CHCH_3$，$CH_2{=}C{=}O$	71	$\cdot C_5H_{11}$
43	$C_3H_7\cdot$，$CH_3CO\cdot$，$CH_2{=}CH{-}O\cdot$	73	$CH_3CH_2O\dot{C}{=}O$
44	$CH_2{=}CHOH$，CO_2		

六、思考题

（1）质谱分析仪可以分析什么成分的气体？

（2）玻璃中产生气泡的原因有哪些？

实验二十六　拉曼光谱分析玻璃的结构

一、实验目的

(1) 了解玻璃的结构和拉曼散射的基本原理。

(2) 学习使用拉曼光谱仪测量物质的谱线，知道简单的谱线分析方法。

二、实验原理

"玻璃结构"是指离子或原子在空间的几何配置以及它们在玻璃中形成的结构形成体。最早试图解释玻璃本质的是 G. Tamman 的过冷液体假说，认为玻璃是过冷液体，玻璃从熔体凝固为固体的过程仅是一个物理过程，即随着温度的降低，组成玻璃的分子因动能减小而逐渐接近，同时相互作用力也逐渐增加使黏度增大，最后形成堆积紧密的无规则的固体物质。实际上玻璃的形成过程要比单纯分子间距的改变复杂得多。随后有许多人做了大量工作，但最有影响的近代玻璃结构的假说有晶子学说、无规则网络学说、凝胶学说、五角形对称学说、高分子学说等，其中能够最好地解释玻璃性质的是晶子学说和无规则网络学说。

当波束为 ν_0 的单色光入射到介质上时，除了被介质吸收、反射和透射外，总会有一部分被散射。按散射光相对于入射光波数的改变情况，可将散射光分为三类：第一类，其波数基本不变或变化小于 $10^{-5}/cm$，这类散射称为瑞利散射；第二类，其波数变化大约为 $0.1/cm$，称为布利源散射；第三类是波数变化大于 $1/cm$ 的散射，称为拉曼散射。从散射光的强度看，瑞利散射最强，拉曼散射最弱。

在经典理论中，拉曼散射可以看作入射光的电磁波使原子或分子电极化以后所产生的，因为原子和分子都是可以极化的，因而产生瑞利散射，因为极化率又随着分子内部的运动(转动、振动等)而变化，所以产生拉曼散射。

在量子理论中，把拉曼散射看作光量子与分子相碰撞时产生的非弹性碰撞过程。当入射的光量子与分子相碰撞时，可以是弹性碰撞的散射，也可以是非弹性碰撞的散射。在弹性碰撞过程中，光量子与分子均没有能量交换，于是它的频率保持恒定，这叫瑞利散射，如图 26.1(a)所示。在非弹性碰撞过程中，光量子与分子有能量交换，光量子转移一部分能量给散射分子，或者从散射分子中吸收一部分能量，从而使它的频率改变，它取自或给予散射分子的能量只能是分子两定态之间的差值 $\Delta E = E_1 - E_2$，当光量子把一部分能量交给分子时，光量子则以较小的频率散射出去,称为频率较低的光(斯托克斯线),散射分子接收的能量转变成为分子的振动或转动能量,从而处于激发态 E_1,如图 26.1(b)所示,这时的光量子的频率为 $\nu' = \nu_0 - \Delta\nu$;当分子已经处于振动或转动的激发态 E_1 时,光量子则从散射分子中取得了能量 ΔE(振动或转动能量),以较大的频率散射,称为频率较高的光(反斯托克斯线),这时的光量子的频率为 $\nu' = \nu_0 + \Delta\nu$。如果考虑到更多的能级上分子的散射,则可产生更多的斯托克斯线和反斯托克斯线。

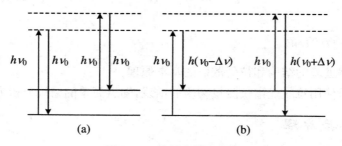

图 26.1　散射光谱示意图

最简单的拉曼光谱如图 26.2 所示,在光谱图中有三种线,中央的是瑞利散射线,频率为 ν_0,强度最强;低频一侧的是斯托克斯线,与瑞利线的频差为 $\Delta\nu$,强度比瑞利线的强度弱很多,约为瑞利线强度的几百万分之一至上万分之一;高频的一侧是反斯托克斯线,与瑞利线的频差亦为 $\Delta\nu$,与斯托克斯线对称地分布在瑞利线两侧,强度比斯托克斯线的强度又要弱很多,因此并不容易观察到反斯托克斯线的出现,但反斯托克斯线的强度随着温度的升高而迅速增大。斯托克斯线和反斯托克斯线通常称为拉曼线,其频率常表示为 $\nu_0 \pm \Delta\nu$,$\Delta\nu$ 称为拉曼频移,这种频移和激发线的频率无关,以任何频率激发这种物质,拉曼线均能伴随出现。因此从拉曼频移又可以鉴别拉曼散射池所包含的物质。

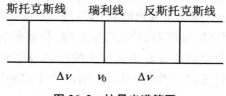

图 26.2　拉曼光谱简图

拉曼散射强度正比于入射光的强度,并且在产生拉曼散射的同时,必然存在强度大于拉曼散射至少一千倍的瑞利散射。因此,在设计或组装拉曼光谱仪和进行拉曼光谱实验时,必须同时考虑尽可能增强入射光的光强和最大限度地收集散射光,又要尽量地抑制和消除主要来自瑞利散射的背景杂散光,提高仪器的信噪比。

三、实验仪器与试剂材料

仪器:Horiba 拉曼光谱仪。

试剂材料：玻璃粉或玻璃片。

四、实验步骤

1. 样品制备

对于固体或块体样品，应尽量选择较为平整的区域进行测试。若为固体粉末样品，一般建议将粉末先置于载玻片上，再用另一片载玻片将其压紧、压实，使其尽可能平整，从而达到获取高质量光谱数据的目的。

2. 样品测试

（1）开启总电源开关及稳压器开关。

（2）依次开启自动平台控制器、电脑等电源。

（3）开启激光器开关，打开 Labspec 6 软件。

（4）CCD 制冷，点击 Acquisition→Detector，设置 CCD 温度为 −60 ℃。待 CCD 温度稳定后，利用硅片校准光谱仪。

（5）设置实验条件：设置激光波长、光栅、采集范围、采集时间以及 Acquisition 下拉菜单中需要设置的所有参数。

（6）选择拍摄模式：Start Real Time Display rtd，Start spectrum acquisition，Start map acquisition，Start video acquisition，根据实验需求选择四种模式之一。

（7）实验结束后，保存结果为 Labspec 6 格式以及需要的 txt 格式等。

（8）CCD 升温，打开 Acquisition→Detector，设置 CCD 温度为 20 ℃，回车。待 CCD 温度回升到 20 ℃左右后，关闭 Labspec 6 软件，关闭激光器。依次关掉电脑、自动平台控制器、稳压器电源和总电源开关。

五、数据记录与数据处理

每种物质都具有特定的特征拉曼光谱，根据所得数据对物质进行定性，获得玻璃的结构。

六、思考题

（1）拉曼光谱分析有什么用途？

（2）玻璃样品主要的拉曼峰在什么范围？

实验二十七 玻璃表面硬度的测定

一、实验目的

（1）了解无机非金属材料显微硬度测试的意义。

（2）了解玻璃表面硬度测试方法。

（3）掌握硬度的测试方法与原理。

二、实验原理

材料局部抵抗硬物压入其表面的能力称为硬度。固体对外界物体入侵的局部抵抗能力，是比较各种材料软硬的指标。玻璃材料通常作为许多装饰材料、显示面板材料、盖板材料等等，因而其表面硬度对其性能影响较大。此外，由于玻璃对划痕和缺陷的敏感性，其表面硬度对其作为支撑载体或承载物（如玻璃栈道等）的使用可靠性产生影响。

玻璃的硬度可以理解为玻璃抵抗另一种材料深入其内部而不产生残余形变的能力。目前常见的硬度表示方法有莫氏硬度（划痕法）、铅笔硬度（划痕法）、显微硬度（压痕法）、研磨硬度（磨损法）和刻划硬度（刻痕法）等。

对于玻璃和陶瓷等五级材料，常用的测试方法为铅笔硬度和显微硬度两种。其中，显微硬度通常采用的是维氏硬度测试方法（图 27.1）。

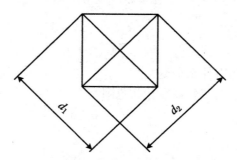

图 27.1　维氏金刚石压痕示意图

维氏金刚石压头是将压头磨成正四棱锥体，其相对两面夹角为 136°。维氏显微硬度值是所施加的负荷（kgf）除以压痕的表面积（mm²），采用维氏金刚石压头时，其压痕深度约为对角线长度的 1/7。维氏硬度值（HV）的计算公式如下：

$$HV = 常数 \times 试验力 / 压痕表面积 = 0.1891\ F/D^2$$

式中：

HV——维氏硬度符号；

F——试验力，N；

D——压痕两对角线 d_1、d_2 的算术平均值，mm。

三、实验仪器与试剂材料

仪器：铅笔硬度计、显微硬度计。

试剂材料：玻璃片、砂纸。

四、实验步骤

1. 玻璃预处理

选择不同的玻璃种类，将其切割成 30 mm × 40 mm 的玻璃片（厚度不低于 1 mm，不超过 20 mm），将玻璃片边缘在大于 200 目以上的砂纸上轻微研磨，倒角后在超声清洗机中清洗干净，烘干后测定表面硬度。

2. 样品测试

（1）玻璃表面的铅笔硬度测试

将样品固定在硬度计测试架上的相应位置，固定牢固。测试用铅笔硬度计测试玻璃表面硬度。试验荷重有 500 g、750 g 两种规格。测试角度为 45°角。标配砝码 250 g、500 g 各一个。将不同钢化条件下得到的钢化玻璃分别放在硬度仪下测量，通过观察使用的铅笔的硬度、砝码的总量以及玻璃表面是否有划痕来判断玻璃的硬度大小。

① 用削笔刀将铅笔削至露出 4～6 mm 柱型笔芯（不可松动或削伤笔芯），握住铅笔使其与 400 目砂纸面垂直，在砂纸上磨划，直至获得端面平整、边缘锐利的笔端为止（边缘不得有破碎或缺口），铅笔使用一次后要旋转 180°再用或重磨后使用。

② 手工操作程序。把试样固定在水平台面上，握住已削磨的铅笔使其与涂层成 45°角，用力以约 1 mm/s 的速度向前推进，用力程度以使铅笔边缘破碎或犁破表面为宜。从硬的铅笔开始，用每级铅笔划 5 次，5 次中若有 2 次能犁破涂层则换用较软的一支铅笔，直至找出 5 次中至少有 4 次不能犁破涂层的铅笔为止，此铅笔的硬度即为被测涂层的铅笔硬度。

③ 仪器操作程序。将削磨好的铅笔装入仪器夹具内，将试样待测面朝上固定在仪器的试样台上。调节水平砝码使铅笔对试样表面负荷为零，然后加上砝码。让试样与铅笔反向移动 3 mm，移动速度约为 0.5 mm/s。转动铅笔使无损伤的铅芯边缘接触涂层，并变换实验位置，依次犁划 5 次，从硬的铅笔开始实验，5 次中若有 2 次能犁破涂层则换较软的一支铅笔，直至找出 5 次中至少有 4 次不能犁破涂层的铅笔为止，此铅笔的硬度即为被测涂层的铅笔硬度。

将仪器平放在实验片上(假如实验片比仪器小,请将实验片放在仪器前并且把垫片放置于仪器前端下方,目的是使仪器保持水平),用刀片削铅笔,使笔芯凸出部分为 3~5 mm,并在砂纸磨平,再将铅笔插入仪器,使笔芯与实验片接触后并固定锁紧(建议:铅笔为六边形,固定时选择一个平面,测试后,旋转两个平面再固定测试,再旋转两个平面固定测试,一个圆周面可使用三次),实验时要将垫片移开。

用拇指与中指抓在两个轮子中心。将仪器从后往前推 1~2 cm 即可移开仪器(推仪器时请勿施加任何压力),用橡皮擦将划过的铅擦掉。

判别硬度,主要看试片有无刮痕。建议试片少做三个位置以上,取平均值。硬度的级数,从软到硬有 6B、5B、4B、3B、2B、B、HB、F、H、2H、3H、4H、5H、6H 共 14种。例如,使用 H 铅笔表面无刮痕,使用 2H 铅笔表面也无刮痕,使用 3H 铅笔表面有刮痕。实验片涂装的硬度为:2H。

(2)玻璃表面的显微硬度测试

准备好玻璃试样,标准试件要求试件表面清洁平整。

水平校准:调节 4 个支脚,用小水平仪校准试台的水平程度,小水平仪的气泡在中心为准。检查各指示灯是否正常。

操作步骤为:

① 插上电源,打开电源开关。屏幕上显示界面,此时可修改数据。比如,标尺(HV、HK)选择、换算选择、保荷时间选择、灯光亮暗选择,按键可达到要求。

② 转动变化手轮,使实验力符合选择要求,变换手轮的力值和屏幕上显示的力值是一致的。旋转变换手轮时,应小心缓慢地进行。在旋转到最大力 1 kgf 时,转动位置已经到底,应反向转动,转到最小力值 0.01 kgf 时也应反向转动。

③ 10 s 是最常用的实验力保持时间,也可以根据需要按"D + "或"D - ",每按一次变化 1 s。如视场光源太暗或太亮,可按"L + "或"L - "。

④ 转动转盘,使 40×镜处于前方位置(光学系统总放大倍率为 400×,处于测量状态)。将标准试件放在十字试台上,转动旋轮使试台上升,当试件离物镜下端约 1 mm 时(不要碰到物镜),用眼睛靠近测试目镜观察。在测微目镜的视场内出现明亮光斑,说明聚焦面即将到来,此时应缓慢微调上升或下降试台,直到目镜中观察到试样表面清晰成像,这时聚焦过程完成。

⑤ 如果想观察试样表面上较大的视场范围,可将 10×物镜转到前方位置,此时光学系统总放大倍率为 100×,处于观察状态。

⑥ 将压头转到前方位置,要感觉到转盘已被定位,转动时应小心缓慢地进行,防止过快产生冲击,此时压头顶端与聚焦好的试样平面的距离为 0.3~0.4 mm。(注:当测试不规则的试件时,操作时要小心,防止压头碰击试件而损坏压头)。

⑦ 按"启动"键,此时施加实验力(电机启动),屏幕上出现 LOAD 表示加实验力;DWELL 表示保持实验力,"1 0,9,8,…,0"s 倒计时;UNLOAD 表示卸除实验力;电机工作结束,屏幕上出现等待测量。注:电机在工作状态时不可再去移动试

件,必须等这次加卸荷结束后方可移动,否则会损坏仪器。

⑧ 将 40× 物镜转到前方,在目镜的视场内可看到压痕,根据自己的视力稍微转动升降旋轮,上下调节十字试台将其调至最清楚。如果目镜内的 2 根刻线较模糊时,可调节眼罩使之最清晰。

⑨ 转动右鼓轮,移动目镜中的刻线,使两刻线逐步靠拢,当刻线内侧无限接近时(刻线内侧直接处于无光隙的临界状态,但两刻线绝对不能重叠),按"清零键",这时主屏幕上的 d_1 数值为零,即术语中的零位,这时就可在目镜中测量压痕对角线的长度。

⑩ 转动右边鼓轮使刻线分开,然后移动左侧鼓轮,使左边的刻线移动,当左边刻线的内侧与压痕的左边外形交点相切时,再移动右边刻线,使内侧与压痕外形交点相切。按下目镜上的测量按钮,对角线长度 d_1 的测量完成;转动目镜 90°,以上述的方法测量对角线长度 d_2,按下测量按钮,这时屏幕上显示本次测量的示值和所转换的硬度示值,如果认为测量有误差,可重复上述程序再次测量。

⑪ 第一次实验结束,按照检定规程要求,第一点压痕不计数,所以第二点压痕的硬度示值作为记入实验次数中的第一次,此时屏幕显示测量次数为 NO 01。

在进行几次实验后,其测量结果已经储存在仪器内,按下"打印"键即可输出测试结果。

3. 注意事项

(1) 在使用前应仔细阅读操作规范,详细了解仪器操作步骤及使用注意事项,避免由于使用不当而造成仪器损坏或发生人身安全事故。

(2) 仪器电器元件、开关、插座安装位置严禁自行拆装,如果擅自拆装可能会损坏仪器。

(3) 在实验力正在加载或实验力未卸除的情况下,严禁移动试件,否则会损坏仪器。

(4) 仪器在测量状态下,请不要施加实验力,如不小心按到"启动"键,这时不能触碰仪器的其他东西,只有等到实验力施加完毕后,才可以触碰。

(5) 压头和压头轴是仪器非常重要的部分,因此在操作时要十分小心不能触及压头。为保证测试的精确度,压头应保持清洁,当沾上了油污或者灰尘时可用脱脂棉沾上酒精或乙醚,在压头顶尖处小心地轻擦干净。

(6) 由于个人的视差,观察测微目镜视场内的刻线可能模糊,因此观察者换人时,应先微量转动目镜上的眼罩,使观察到视场内的刻线清晰。测微目镜插在目镜管内,要注意应插到底,不能留有间隙,否则会影响测量的准确度,当测量压痕对角线时,须测量其顶点,然后转 90°再测量另一对顶点。

(7) 试样表面必须清洁,如果表面沾有油污,则会影响测量的准确性。在清洁试样时可用酒精或乙醚抹擦。当试样为细丝、薄片或小件时,可分别用细丝夹持台、薄片夹持台,放在十字试台上进行测试;如果试件很小无法夹持,则将试件镶嵌抛光后再进行实验。

五、数据记录与数据处理

1. 数据记录

数据记录见表 27.1。

表 27.1　实验数据记录表

序号	普通钠钙硅玻璃表面硬度		含硼玻璃表面硬度	
	铅笔硬度计测试硬度	显微硬度计测试硬度	铅笔硬度计测试硬度	显微硬度计测试硬度
1				
2				
3				
4				
5				

2. 数据处理

（1）计算玻璃表面硬度。

（2）对比铅笔硬度计的数据与显微硬度计的数据，判断不同玻璃表面硬度的差异，并与陶瓷和金属材料的硬度进行对比。

六、思考题

（1）影响玻璃表面硬度的因素有哪些？

（2）玻璃表面硬度测试方法有哪些？

实验二十八　椭圆偏振光谱仪测量薄膜的厚度和折射率

一、实验目的

(1) 学习椭圆偏振法的测量原理与方法。

(2) 测量透明介质薄膜的厚度和折射率。

二、实验原理

薄膜技术是当前材料科技的研究热点,特别是纳米级薄膜技术的迅速发展,精确测量薄膜厚度及其折射率等光学参数受到人们的高度重视。由于薄膜和基底材料的性质和形态不同,如何选择符合测量要求的测量方法和仪器,是一个值得认真考虑的问题。每种测量方法和仪器都有各自的使用要求、测量范围、精确度、特点及局限性。本书主要介绍椭圆偏振法棱镜耦合法和干涉法测量薄膜厚度及其折射率的基本原理、仪器组成及特点。

椭圆偏振法(椭圆法)是利用一束入射光照射样品表面,通过检测和分析入射光和反射光偏振状态,从而获得薄膜厚度及其折射率的非接触测量方法。

使一束自然光(非偏振激光)经起偏器变成线偏振光,再经 1/4 波片,使它变成椭圆偏振光,入射到待测的膜面上,反射时光的偏振态将发生变化。对于一定的样品,总可以找到起偏方位角 P,使反射光由椭圆偏振光变化。

对于一定的样品,总可以找到起偏方位角 P,使反射光由椭圆偏振光变成线偏振光。于是转动检偏器,在其相应的方位角 A 得到消光状态,即没有光到达光电倍增管以上测量薄膜光学参数的方法称为消光测量法。

现以普通玻璃表面镀以透明单层介质膜为例作一说明。

如图 28.1 所示,当一束光入射到单层介质膜面上时,在界面 1 和 2 上形成多次反射和折射,且各反射光和折射光分别产生多光束干涉,其干涉结果反映了薄膜的光学特性。

根据电磁场的麦克斯韦方程和边界条件及菲涅尔反射系数公式,可以导出

$$r_p = \frac{(r_{1p} + r_{2p}\,e^{-i2\delta})}{(1 + r_{1p}\,r_{2p}\,e^{-i2\delta})}$$

$$r_s = \frac{(r_{1s} + r_{2s}\,e^{-i2\delta})}{(1 + r_{1s}\,r_{2s}\,e^{-i2\delta})}$$

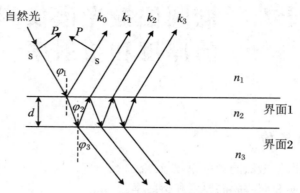

图 28.1　自然光在单层介质膜表面的反射与折射

式中，r_1、r_2 为界面 1、2 处反射光 P 分量的振幅反射系数，r_{1s}、r_{2s} 为界面 1、2 处 s 分量的振幅反射系数，2δ 是指薄膜表面的相继两束反射光因光程差而引起的相位差，它满足

$$\delta = \frac{2\pi}{\lambda}n_2 d\cos\varphi_2 = \frac{2\pi}{\lambda}d\,\sqrt{n_2^2 - n_1^2\sin^2\varphi_1}$$

$$= \frac{(r_{1p} + r_{2p}\,e^{-i2\delta})(1 + r_{1s}\,r_{2s}\,e^{-i2\delta})}{(1 + r_{1p}\,r_{2p}\,e^{-i2\delta})(r_{1s} + r_{2s}\,e^{-i2\delta})}$$

式中，φ_1、φ_2 分别为光在薄膜上、下表面的入射角。于是得到如下椭偏方程：

$$\tan\varphi \cdot e^{i\Delta} = r_p/r_s$$

式中，φ 和 Δ 称为椭偏参数并具有角度量值，是 n_1、n_2、n_3、φ_1、λ 及 d 的函数，由于 n_1、n_3 和 λ 为已知量，只要利用实验测出 φ 和 Δ，并利用计算机作数值计算，即可得到薄膜折射率 n_2 和厚度 d。

测量时，利用电机分别带动检偏器和起偏器转动（扫描）找到处于消光状态时的检偏角 A 和起偏角 P，根据下式计算椭偏参数 φ、Δ：

$$\begin{cases}\varphi = A \\ \Delta = m \cdot 180° + 90° - 2P \quad (0° \leqslant P \leqslant 135°, m = 1; 135° \leqslant P \leqslant 180°, m = 3)\end{cases}$$

需要说明的是，上述测得的薄膜厚度 d 为一个周期（$0 \leqslant 2\delta \leqslant 2\pi$）内的值，由 $\delta = 2\pi$ 知薄膜厚度的周期 d_0 为

$$d_0 = \frac{\lambda}{2\,\sqrt{n_2^2 - n_1^2\sin^2\varphi_1}}$$

若实际膜厚大于 d_0，设此时所对应的周期数为 j，则实际膜厚为

$$D = (j - 1)d_0 + d$$

TPY-2 型椭偏仪光路原理及仪器结构图如图 28.2 所示。

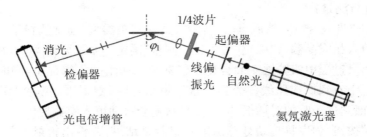

图 28.2　椭偏仪光学系统原理图

椭偏法具有很高的测量灵敏度和精度。φ 和 Δ 的重复性精度已分别达到 $\pm 0.01°$ 和 $\pm 0.02°$，厚度和折射率的重复性精度可分别达到 0.1 nm 和 10^{-4}，且入射角可在 $30°\sim 90°$ 内连续调节，以适应不同样品，测量时间达到 ms 量级，已用于薄膜生长过程的厚度和折射率监控。但是，由于影响测量准确度的因素有很多，如入射角、系统的调整状态、光学元件质量、环境噪声、样品表面状态、实际待测薄膜与数学模型的差异等都会影响测量的准确度。特别是当薄膜折射率与基底折射率相接近（如玻璃基底表面 SiO_2 薄膜），薄膜厚度较小和薄膜厚度及折射率范围位于 $(n_f, d)\sim(\varphi, \Delta)$ 函数斜率较大区域时，用椭偏仪同时测得薄膜的厚度和折射率与实际情况有较大的偏差。因此，即使对于同一种样品、不同厚度和折射率范围，不同的入射角和波长都存在不同的测量精确度。

在一个膜厚周期内，椭偏法测量膜厚有确定值。若待测膜厚超过一个周期，膜厚有多个不确定值。虽然可采用多入射角或多波长法确定周期数，但实现起来比较困难。实际上可采用其他方法，如干涉法、光度法或台阶仪等配合完成周期数的确定。

因此，椭偏法适合于透明的或弱吸收的各向同性的厚度小于一个周期的薄膜，也可用于多层膜的测量。

三、实验仪器与试剂材料

仪器：TPY-2 型椭偏仪。

试剂材料：镀膜玻璃。

四、实验步骤

（1）首先开启主机电源，点亮氦氖激光器（预热 30 min 后再测量为宜）。然后将电控箱调节旋钮逆时针旋到头，开启电控箱电源。

（2）双击桌面的快捷方式，运行程序。

（3）选定入射角和反射角 φ_1（如 $70°$），调节起偏机构悬臂和检偏机构悬臂，使经样品表面反射后的激光束刚好通过检偏器入光口。

（4）顺时针旋转电控箱调节旋钮，将读数调到 150 V 左右（视仪器情况而定）。

（5）进行测量：

① 点击"进入"按钮，然后点击"实验"，选择实验类型（通常选择第一类），再点击"实验"填入相应参数。"确定"后，点击"测量"确定。系统开始实验，并做 6 次重复测量。测量过程中实验框左侧会显示仪器自动测量的步骤提示，同时还能在右侧的坐标栏中看到扫描曲线。等到测量结束后，选择数据平均次数"6"，点击"确定"窗体会回到进入时的对话框，同时测量数据会自动填入参数栏内。点击"测量"旁的"计算"按钮，程序将自动计算出第一组测量结果，并输出折射率与厚度主值。（注意：在实验过程中，如果扫描曲线的谷点过低，接近"0"点时，可适当把电控箱电压上调一些）。

② 重新设定一个入射角 φ_1 后，重复上述过程，点击"测量"，填入新的参数点击"确定"，开始第二组实验。等待测量结束后，选择数据平均次数"6"，点击"确定"，回到"进入"按钮。程序将计算出第二组测量结果，并输出折射率与厚度主值。

③ 两次测量完毕后，点击"折射率拟合"，在弹出对话框中选择拟合类型，点击"确定"得到薄膜的真实厚度及折射率。至此，实验完毕。

五、数据记录与数据处理

记录仪器输出的折射率与厚度主值、真实厚度及折射率值。

六、思考题

（1）什么叫自然光？什么叫线偏振光？什么叫椭圆偏振光？

（2）1/4 玻片有何特点？

（3）单色光在单层膜表面多次反射后会出现什么情况？

（4）为方便计算椭偏量 φ 和 Δ，设计时通常应满足什么条件？此时 $\lambda/4$ 波片快轴的方向具有什么特点？

（5）两次测量时入射角能否任意设置？

（6）椭圆偏振法的测量思路是什么？

（7）调节时，入射角与反射角必须满足什么条件？

（8）为了得到薄膜的真实厚度，为什么要做两次测量？

实验二十九 玻璃材料弹性模量、剪切模量和泊松比的测量

一、实验目的

(1) 了解玻璃材料弹性模量、剪切模量和泊松比的概念及意义。

(2) 掌握玻璃材料弹性模量、剪切模量和泊松比的测量方法。

二、实验原理

材料在外力的作用下发生变形,当去掉外力后能够恢复原来的形状的性质称为弹性。在 T_g 温度以下,玻璃基本上是服从虎克定律的弹性体。

玻璃的弹性主要是指弹性模量 E、剪切模量 G、泊松比 μ 和体积压缩模量 K,它们之间有下述关系:

$$\frac{E}{G} = 2(1 + \mu)$$

$$\frac{E}{K} = 3(1 - 2\mu)$$

弹性模量是表征材料应力与应变关系的物理量,表示材料对形变的抵抗力。在 T_g 温度以下,玻璃的弹性模量可用下式表示:

$$E = \frac{\sigma}{\varepsilon}$$

式中:

σ——应力;

ε——相对的纵向变形。

一般玻璃的弹性模量为 $(441 \sim 882) \times 10^8$ Pa,而泊松比在 $0.11 \sim 0.30$ 范围内变化。

本实验采用脉冲激振法测得材料弹性模量、剪切模量和泊松比等性能。对矩形截面梁试样施加一个脉冲激励,使其产生自由振动。通过快速傅里叶变换获得试样的弯曲振动基频和扭转振动基频,利用弯曲振动基频计算出试样的弹性模量,利用扭转振动基频计算出试样的剪切模量,泊松比由弹性模量和剪切模量关系式计算得出。其中弯曲振动是指矩形截面梁试样在长度水平面的法线方向上的振动,扭转振动是指矩形截面梁试样绕其纵轴产生扭转变形的振动。

由于试样振动的基频取决于试样尺寸、质量和弹性模量,在试样质量和尺寸已知的情况下,测到基频后可以计算出弹性模量。弹性模量取决于弯曲振动基频,剪切模量取决于扭转振动频率,泊松比由材料的弹性模量和剪切模量决定,三者只有两项是独立的。

三、实验仪器与试剂材料

仪器:游标卡尺,研磨抛光机,动态弹性模量测定仪。

试剂材料:玻璃片。

四、实验步骤

1. 样品的制备

对于不同的玻璃厚度,试样的长度和宽度应符合以下比例:长度∶宽度∶厚度=20∶4∶1,其中长度应大于 40 mm。试样的上、下表面平行度为 0.05 mm 或更高,试样应进行抛光处理,不能有划伤、裂痕和缺角。

2. 样品的测量

干燥并称量试样的质量 m,精确到 0.01 g。在试样的两端和中间分别测量厚度 t 和宽度 b,精确到 0.02 mm,取平均值。测量试样的长度 L,精确到 0.1 mm。

弯曲振动试样的长度为 L,将试样平放在支撑框架上两根水平拉紧的支撑弹性尼龙线上,两根弹性尼龙线的相对距离为$(0.552\pm0.005)L$,试样两端伸出的长度应相等,如图 29.1 所示。激励点应在试样表面的中央或两端,将信号采集传感器置于试样上方 10 mm 左右。

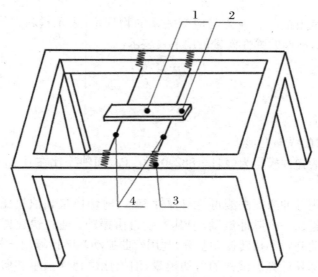

图 29.1　试样的弯曲振动测量示意图

1. 激励信号;2. 响应信号接收;3. 弹簧;4. 弯曲振动支撑弹性线

将试样放在十字交叉的两根弹性尼龙线上,交叉点位于试样的下表面中心点处,脉冲激励器和信号接收器应放置在试样互为对角的位置,如图 29.2 所示。激励点应保证试样能产生扭转自由振动,将信号采集传感器置于试样上方 10 mm 左右。

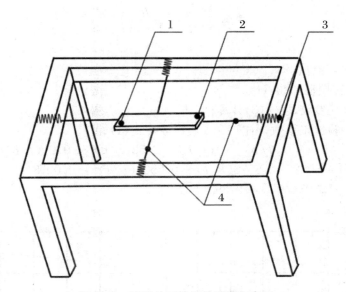

图 29.2　试样的扭转振动测量示意图
1. 激励信号;2. 响应信号接收;3. 弹簧;4. 扭转振动支撑弹性线

启动检测装置,输入试样的尺寸和质量,设置好设备的基本参数,启动激励装置,利用信号接收器获得一个阻尼自由振动曲线,通过数据处理系统获得试样弯曲和扭转振动的基频,计算出试样的弹性模量、剪切模量和泊松比。

五、数据记录与数据处理

1. 数据记录

实验数据主要包括:试样数量、试样的质量和几何尺寸、实验细节记录、弯曲振动基频、扭转振动基频。

2. 数据处理

矩形截面梁试样弯曲振动的弹性模量按下式计算:

$$E = 0.9465 \frac{m f_b^2}{b} \left(\frac{L}{t} \right)^3 \left[1 + 6.585 \left(\frac{t}{L} \right)^2 \right] \tag{1}$$

式中:

E——弹性模量,Pa;

m——试样的质量,g;

f_b——弯曲振动固基频,Hz;

b——试样的宽度,mm;

L——试样的长度,mm;

t——试样的厚度,mm。

矩形截面梁试样的剪切模量按下式计算:

$$G = \frac{4Lmf_t^2}{bt}\left(\frac{B}{1+A}\right) \tag{2}$$

式中:

G——剪切模量,Pa;

f——扭转振动基频,Hz;

B——形状参数,按式(3)计算;

A——经验修正参数,由图29.3获得或按式(4)计算。

$$B = [(b/t) + (t/b)]/[4(t/b) - 2.52(t/b)^2 + 0.21(t/b)^6] \tag{3}$$

$$A = [0.5062 - 0.8776(b/t) + 0.3504(b/t)^2 - 0.0078(b/t)^3]$$
$$/[12.03(b/t) + 9.892(b/t)^2] \tag{4}$$

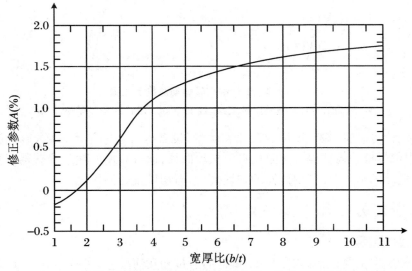

图 29.3　计算剪切模量所用的经验修正参数 A 与宽厚比的关系曲线

矩形截面梁试样的泊松比按下式计算:

$$u = E/(2G) - 1 \tag{5}$$

式中:

u——泊松比,无量纲。

六、思考题

(1) 本实验误差主要来源于什么地方?

(2) 玻璃的弹性模量只受什么因素影响?

实验三十　玻璃风化和表面析出物的测定

一、实验目的

(1) 了解玻璃风化。
(2) 掌握玻璃表面析出物的测定方法。

二、实验原理

玻璃"发霉"俗称玻璃"风化",这是由于在储存、运输过程中,玻璃及玻璃制品表面接触到了水和空气,发生一系列复杂的物理、化学变化,使得玻璃的表面受到腐蚀。玻璃发霉主要表现为在其表面形成白斑、彩虹或者雾状物等,影响玻璃光滑度,透明度降低,个别严重的还会发生粘片现象。

玻璃发霉是由于玻璃的表面受水气侵蚀造成的,通常情况下,由以下两种原因造成:一是板面的"析碱",另一个就是板面被"霉菌"侵蚀,但其本质上都是水气侵蚀玻璃引起的。玻璃表面的化学成分与玻璃的化学组成在成分上存在一些差异,即顺着玻璃的横截面的方向各部分组成成分的含量不是一个固定的数值,组成成分随着截面深度的不同而随之变化。

在热加工、成形和熔制等过程中,有些组分在高温时挥发,不同的组分对形成玻璃表面能的作用不同,在表面中形成了某些元素成分的聚集,造成其他一些成分的减少。玻璃的常用成分中 B^{3+}、Na^+ 是比较易挥发的。在玻璃成形温度的范围之间,Na^+ 自玻璃内部挥发的速度要小于 Na^+ 从玻璃表面向外界挥发的速度。但是在实际生产过程中,在退火的时候移动到玻璃表层的 Na^+ 会和炉气中的 SO_2 产生反应,生成 Na_2SO_4 白霜,但是可以很容易洗去这种白霜,所以表面层的含碱量还是偏低的。

1. 玻璃的侵蚀

侵蚀物侵蚀过后的玻璃表面结构及状态分为五种不同的类型,如图 30.1 所示,图中虚线代表的是玻璃表面最初的状态,主体玻璃用实线表示,侵蚀类型用罗马数字表示。

第一种类型称为 I 型,代表的是不溶型,这一类型表示玻璃表面成分组成几乎没有变化,也就是不溶的,只在玻璃表面生成低于 $0.005\ \mu m$ 厚的水化层,例如,将石英玻璃浸入中性的溶液中所受到的侵蚀就是这种不溶型的。第二种类型为 II

型,是单层保护膜型,这一类型代表的是玻璃的表面在溶液中的溶出具有一定的选择性。有两层保护膜是第三种类型,称为Ⅲ型。没有保护膜型的是第四种类型,称为Ⅳ型,这一类型玻璃表面的 R_2O 会具有选择性的溶解。可以溶解的是第五种类型,称为Ⅴ型,这一种类型表示的是在玻璃中 OH^- 对的作用使玻璃的网路结构产生了现象,因而在玻璃的表面发生比较缓慢的溶解。

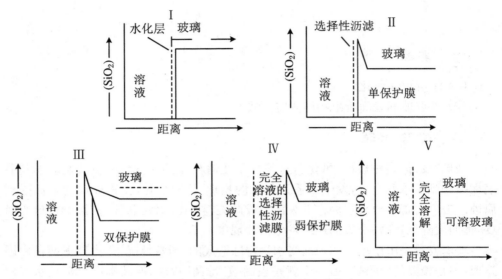

图 30.1　玻璃受侵蚀后表面的五种状态

2. 玻璃的侵蚀机理

(1) 水对玻璃的侵蚀作用

玻璃在水中受到的侵蚀及溶解的过程是比较复杂的。玻璃在水中受到的侵蚀由玻璃中的 Na^+ 和来自水中的 H^+ 发生的交换反应开始,产生反应如下:

$$\equiv Si-O-Na^+ + H^+OH^- \longrightarrow \equiv Si-OH + NaOH \tag{1}$$

产生这一反应的同时又会引发反应式(2)和(3)的反应:

$$\equiv Si-OH + 1.5H_2O \longrightarrow \equiv HO-Si \equiv OH \tag{2}$$

$$Si(OH)_4 + NaOH \longrightarrow [SiOH_3O]^- Na^+ + H_2O \tag{3}$$

反应式(3)的发生会产生 Na_2SiO_3,NaOH 的电离度大于反应产物 Na_2SiO_3 的电离度,因此这一反应的进行使溶液中 Na^+ 的浓度逐渐降低,又对(2)的反应起到了促进作用。这三个反应是息息相关、循环渐进的过程,但是反应总的速度是由离子交换反应式(1)的速度所决定的,一方面是因为 Si—OH 和 NaOH 的产生速度是由这个反应控制的;另一方面,H_2O 分子也可以和硅氧骨架直接反应:

$$\equiv Si-O-Si \equiv + H_2O \longrightarrow 2(\equiv Si-OH) \tag{4}$$

随着上述反应的推进,Si 原子周围的四个桥氧都成为了—OH,这是因为 H_2O 分子直接破坏了硅氧骨架。反应生成了极性分子 $Si(OH)_4$,它极化了自身周围的

H_2O 分子,从而使其有次序地在本体的周围附着,也就是 $Si(OH)_4 \cdot nH_2O$,这个 SiO_2-H_2O 系统是高度分散的硅酸凝胶,其中大多数都会附着在玻璃表面并产生一层薄膜,其中一小部分被水溶解,它的抗水性能和抗酸性能很强,由于它的存在使得 Na^+ 和 H^+ 的扩散受到了阻碍,离子交换的速率越来越缓慢,直到完全停止。

(2) 酸对玻璃的侵蚀

除氢氟酸外,玻璃一般不与其他的酸产生反应,仅仅是酸中的水对玻璃起到侵蚀作用。随着酸浓度的增大,水的含量也就随之降低,所以稀酸侵蚀玻璃的能力要高于强酸。硅酸盐玻璃受到水的侵蚀之后会产生氢氧化物,酸会和氢氧化物产生中和作用,此作用就会产生两种恰恰相反的效果:第一种是加快了 H_2O 和玻璃之间的离子反应速率,加大了玻璃失重;第二种是使溶液 pH 降低,减小了 $Si(OH)^+$ 的溶解度,因而使玻璃的失重降低。简单地说,就是高碱玻璃的耐水性远高于耐酸性,而高硅玻璃的耐水性却远小于耐酸性。

(3) 碱对玻璃的侵蚀作用

硅酸盐玻璃一般情况下是不具有耐碱性的,玻璃受到碱的侵蚀是因为硅氧骨架 Si—O—Si 被碱中的 OH^- 破坏生成了 Si—O—群,溶解了 SiO_2,在侵蚀玻璃的过程中不产生硅酸凝胶薄膜,而是在玻璃表面层产生脱落。但玻璃被侵蚀不单单与 OH^- 有关,受到的侵蚀程度会因为不同类的阳离子而不同。

在受到碱侵蚀的过程中,会受到阳离子吸附玻璃表面能力大小的影响。玻璃受到侵蚀后会使硅酸盐溶解在碱溶液中,也会影响玻璃的侵蚀作用。

此外,玻璃中原有的各种 R—O 键的强度也会影响玻璃耐碱侵蚀的能力,随着 R 和 R^{2+} 半径的逐渐增大,玻璃的耐碱强度就会减小,同时玻璃的耐碱性会随着阳离子场强和配位数的增高而增强。

(4) 大气对玻璃的侵蚀

玻璃受大气的侵蚀作用本质上就是玻璃表面水汽、CO_2、SO_2 等侵蚀作用的总和。水蒸气的侵蚀强度要比水溶液大得多,水溶液侵蚀玻璃是由通过 Na^+ 和 H^+ 之间的交换实现的,形成硅氧膜后在玻璃的表面层中 Na^+ 的含量会降低,侵蚀速度因此而减缓,直到停止。其反应是在有许多水的状况下实现的,因此 Na^+ 不断地从玻璃中扩散出来被水稀释。因而在侵蚀玻璃的过程中,水的 pH 几乎不会改变,但是水蒸气则不同,以微型水滴的形式存在玻璃的表面,形成的碱性生成物不断地堆积在玻璃的表面。玻璃不断地被侵蚀,碱溶液的浓度在不断地上升,因而玻璃被侵蚀的速度会不断地加快。所以,玻璃被水汽侵蚀时,开始主要的释放碱的过程是离子交换,随着侵蚀的进行,侵蚀的主要方式是网络结构的破坏。

3. 玻璃的风化

玻璃在大气中受到损坏称为风化。玻璃产生风化后,根据风化效果的不同,可以归结为几种形式:风化初期的雾状薄膜,风化形成的白斑、严重白斑,龟裂的风化层,风化的沟槽,严重风化的侵蚀坑等。大多数玻璃风化以后产生雾状物或者白斑,玻璃会因此变得不光洁或透明度大大地降低。玻璃的风化还可以称之为玻璃的霉变。一般玻璃的风化会在产品储存、运输过程中发生,与环境的温度、湿度密切相关。化学稳定性低的玻璃产品在一般的环境中就会发生风化。玻璃的风化可以用眼睛观察来区分,也可以通过测试玻璃的透光率来区分,但是这些方法误差太大,不具有稳定性。轻微的风化可用椭球偏振测厚仪检测表面侵蚀层的厚度及折射率,严重的风化则不能用此种方法测量。现在既简单又方便的测试方法是采用原子吸收分光光度计对已经风化的玻璃进行测试,能够准确地得到表面的析碱量。不过只有硅酸盐玻璃中含有碱才能采用此种方法。

为了减小玻璃所受到的侵蚀风化,学者发明了许多防止风化的措施,例如,从生产原料、工艺以及配方方面提高玻璃的稳定性,改善玻璃的储存及运输方式,对成品玻璃进行防霉处理等。

三、实验仪器与试剂材料

仪器:雾度计、光泽度计、电热恒温鼓风干燥箱、电子天平、超声波清洗器、X 射线衍射仪、傅里叶变换红外光谱仪、数控水泥砼标准养护箱、盐雾箱、数显恒温水浴锅。

试剂材料:盐酸、酚酞、溴化钾、无水乙醇。

四、实验步骤

1. 玻璃表面析出物分析

将清洗过的试样标记好后放入数控恒温恒湿培养箱中,将温度调节为 25 ℃,湿度为 35% R H,在此环境温度下培养 15 天,实验结束后观察瓶罐内壁是否有碱斑,然后再对其用去离子水清洗,同样用 0.01 mol/L 的标准盐酸溶液分别进行滴定,准确记录盐酸的消耗量。实验数据所记录的是盐酸的消耗量,所以我们用以下计算方式得到 Na_2O 的析出量,用 m 来表示 Na_2O 的析出量,单位:mg/cm^2,公式如式(5)所示:

$$m = V \times 0.01 \times 30.99/S = 0.3099 \times (V - V_1)/S \qquad (5)$$

式中:

S——实验的样品内表面积,cm^2;

V——滴定 100 mL 试液所消耗 0.01 mol/L 的标准盐酸的体积,mL。

2. 玻璃水化学稳定性测定

将试样打碎后放在瓷研钵中研磨,获得颗粒大小均匀的玻璃粉。准备好若干个不同类型的瓶罐玻璃对其进行编号。用分析天平称量 2.0000 g 试样放入锥形瓶中,分别向锥形瓶中加入 100 mL 水,放入水浴锅特定温度下加热 2 h,加热结束后,分别向试样中加入 0.1% 的酚酞指示剂,然后用备好的 0.01 mol/L 的盐酸溶液对其标定,直到溶液由红色变为无色,然后记录实验所消耗的盐酸标准液的量。

3. 玻璃的风化实验

为了研究玻璃风化程度受环境温度、湿度以及风化时间的影响,将实验样品放入恒温恒湿培养箱中,调整温度、湿度及风化时间变量参数来进行不同的风化实验。

实验所用玻璃瓶罐是玻璃锥形瓶,选取 12 个型号相同的玻璃,分成 4 个一组,然后将样品放入事先调好参数的恒温恒湿培养箱中,每组实验参数只有一个是变量,参数的设置要求如下:

第一组:相对湿度为变量,温度调为 45 ℃,培养时间全部为 3 天,培养湿度分别是:35%RH、50%RH、65%RH、80%RH。

第二组:温度为变量,湿度保持 65%RH,培养时间仍然全部为 3 天,培养温度依次是:15 ℃、25 ℃、35 ℃、45 ℃。

第三组:培养时间为变量,湿度保持 65%RH,温度调为 45 ℃,培养的天数依次为:1、3、5、7。

每一个样品在特定的温度、湿度、时间下风化完成后,加入 100 mL 去离子水对其进行清洗,用 0.01 mol/L 的标准盐酸溶液对其滴定,计算出析碱量。

五、数据记录与数据处理

1. 玻璃表面显微结构

在玻璃表面滴上稀释过的蓝墨水,将玻璃放置在偏光显微镜下,观察玻璃表面腐蚀后的形貌特征。

2. 玻璃透光率测量

将风化后的玻璃放置在雾度计上,观察玻璃分化后玻璃表面的透光率变化。

3. 表面光泽度测定

测试蒙砂玻璃表面的光泽度变化,用光泽度计测量不同实验条件下的玻璃表面光泽度。

六、思考题

(1) 玻璃风化对玻璃有何影响?

(2) 如何防止玻璃风化?

实验三十一　中高值玻璃黏度测定

一、实验目的

(1) 了解玻璃黏度的测试方法及步骤。
(2) 掌握黏度的测量原理,玻璃黏度与温度之间的关系。
(3) 掌握不同条件下玻璃黏度的测试方法的差别及内在原理。

二、实验原理

测定玻璃黏度的方法主要有拉丝法、压入法、平行平板法、弯梁法、加/去载法、扭转芯柱法、升球法、落球法、孔流法和座滴法等。随着技术的发展,激光技术和热台显微镜也被报道作为玻璃黏度测定的一种方法。

(1) 软化点(S. P)

直径(0.65 ± 0.1)mm、长度(235 ± 1)mm 的玻璃丝,将其全长的上部 100 mm 于特定炉中以(5 ± 1)℃/min 的速度加热,在自重作用下以 1 mm/min 的速度伸长的温度(T'')即为密度 2.5 g/cm^3 的玻璃黏度为 10^7 Pa·s 时对应的温度。

(2) 退火点(A. P)

在此点温度(T_r)下,玻璃内应力能在几分钟内基本消除,玻璃在退火点的黏度 $\eta = 10^{13}$ Pa·s。

(3) 应变点(St. P)

在此点温度(T_0)下,玻璃内应力能在数小时内基本消除。

黏度测量通常采用斯托克斯原理,将浸入熔体中的球体悬挂于天平臂的一端,在另一端的天平上加入适当的"平衡重量"的砝码,使球在熔体内处于平衡状态。当平衡重量发生改变时(应增加或减少秤盘内的砝码),球在熔体中就产生了运动。当球在熔体中的重量被砝码平衡时,可以想象此刻球的密度相等于熔体的密度,而平衡重量的改变意味着球体密度的变化。从上述斯多克斯公式可以看出:当温度(黏度)恒定时,球在熔体中的速度 v 与球和熔体的密度差$(D - d)$成正比;由于当温度恒定时 d 是常数,因此 v 与 D 成正比,即表示天平中增加或减少的重量与球在熔体中的运动速度呈线性关系,可利用此直线的斜率来代表某一给定的黏度值。

1. 低黏度值测定

玻璃高温时的黏度选择高温黏度计进行测试。高温黏度计的测试原理是通过浸入被测液中的转子的持续旋转形成的扭矩来测量黏度值,扭矩与浸入样品中的转子被黏性拖拉形成的阻力成比例,因而与黏度也成比例。高温黏度计即是在高温状态下用转子测定熔体的黏度特性,这需要高温黏度计具有对温度的精确控制以及对黏度的精确测量等特点。

实验用 RHEOTRONIC Ⅱ型高温旋转黏度计对玻璃熔体黏度进行测试,设备示意图如图 31.1 所示。可测量黏度范围在 $(5\sim4)\times10^7$ Pa·s。

图 31.1　RHEOTRONIC Ⅱ型高温旋转黏度计

2. 中高黏度值测定

测定 10^7 Pa·s 以上玻璃黏度的仪器绝大多数都是利用玻璃丝在荷重下伸长的原理来确定的。玻璃的低温黏度常用拉丝法测定。在实验室使用吊丝法玻璃定点黏度测试仪可以测出玻璃的软化点、退火点和应变点,其测试数据的处理是采用作图法。

拉丝法是利用测定玻璃丝在单轴向拉力的作用下所产生的伸长速率来确定玻璃的动态黏度,测定玻璃黏度的范围为 $10^8\sim10^{15}$ Pa·s。玻璃黏度和伸长速率之间的关系如下:

$$\eta = \frac{4Lmg}{3\pi d^2 E}$$

式中：

    η——黏度，Pa·s；

    L——玻璃丝长度，cm；

    m——荷重，g；

    d——玻璃丝直径，cm；

    g——重力加速度；

    E——伸长速率，cm/min。

由于玻璃黏度 η 是温度 T 的函数：$\eta = f(T)$，因此测试时可以在一小时温度区间内改变温度获得对应的伸长速率，而伸长速率的对数与对应的温度之间的关系基本上是直线型的，这样就可以根据测得的一系列温度 T_i 与对应的伸长速率 E_i 的值建立以下回归方程：

$$\lg E = A + BT$$

式中的回归系数分别为

$$B = \frac{n\sum_{i=1}^{n} T_i \cdot \lg E_i - \sum_{i=1}^{n} T_i \sum_{i=1}^{n} \lg E_i}{n\sum_{i=1}^{n} T_i^2 - \left(\sum_{i=1}^{n} T_i\right)^2}$$

$$A = \frac{\sum_{i=1}^{n} T_i^2 \sum_{i=1}^{n} \lg E_i - \sum_{i=1}^{n} T_i \sum_{i=1}^{n} T_i \cdot \lg E_i}{n\sum_{i=2}^{n} T_i^2 - \left(\sum_{i=1}^{n} T_i\right)^2}$$

三、实验仪器与试剂材料

仪器：高温旋转黏度计、玻璃软化点测试仪。

试剂材料：玻璃丝（大于 10 cm）。

四、实验步骤

1. 高温黏度测量

（1）首先打开设备，再打开冷却循环水系统。

（2）将准备好的玻璃原料和一定量碎玻璃试样装入干燥刚玉坩埚中，设定玻璃熔制的温度制度。待温度达到指定温度后，恒温加料 1～2 次，直至玻璃液达到 20～35 mm 深度，同时防止加料过多气体排出时发生溢出。玻璃熔融后充分搅拌，待玻璃液充分澄清和均化后，打开黏度计测试。

（3）测试时根据黏度变化情况每隔 20～50 ℃测定一点。

（4）测试点设置完成后等待设备自动进行测试并显示测试数据，当测定黏度值大于 100 Pa·s 时,停止实验,将测杆提出并浸入冷水中冷却,记录测试数据,让设备自动降温,到规定温度时断气、断水、断电。

2.低温黏度测试

(1)将玻璃丝穿过炉体悬挂在炉体中,打开照明系统,准确标记玻璃丝的位置。

(2)按照特定升温制度,迅速升温至目标温度附近,后以 5 ℃/min 的速度升温至目标温度,观察玻璃丝的伸长率。

(3)将玻璃丝的伸长率通过黏度换算公式换算为该温度下的黏度。

五、数据记录与数据处理

数据记录格式见表31.1。

表 31.1　实验数据记录表

序号	高温黏度	中高值黏度	
		软件计算值	参考值
1			
2			
3			
4			
5			

六、思考题

(1)影响玻璃表面黏度的因素有哪些?

(2)玻璃黏度其他测试方法有哪些?

实验三十二　玻璃表面清洁及清洁度测定

一、实验目的

（1）了解玻璃表面清洁度及其测定方法。

（2）掌握玻璃表面清洁的方法。

二、实验原理

玻璃放在空气中，会立即吸附大气中的气体和水分，和某些无机物及有机物接触时，也能将其吸附在玻璃的表面，同时由于表面的极性，带静电的灰尘会附着在玻璃的表面。如果在空气中储存时间过久，玻璃就会发生风化，表面产生风化膜和风化产物，影响玻璃表面的光泽和透明度。这些均应视为玻璃表面的污染，不仅影响玻璃的外观和表面性质，而且对玻璃的表面装饰产生严重的危害，如在表面镀膜时，膜与玻璃表面结合不牢固，产生镀膜不均或膜层脱落等缺陷。因此在玻璃装饰前，必须对表面进行清洁处理，以提高表面装饰的质量。

玻璃表面清洁方法主要分为两种类型：原子级的清洁表面和工艺技术上的清洁表面。原子级清洁表面是特殊科学用途所要求的，需在超真空条件下进行。一般表面装饰不要求原子级的清洁表面，只要求工艺技术上的清洁表面。通过清洁处理，既要使玻璃表面的清洁度能满足装饰工艺的要求，还要保证装饰加工后产品的质量。常用的清洁处理方法有：

1. 用溶剂清洗

这是一种普遍应用的方法，常用的溶剂有水溶液，如酸或碱溶液、洗涤剂水溶液等；无水溶剂，如乙醇、丙酮、氯化和氟化碳氢化物以及乳化液等。通常根据玻璃表面污染物的性质来选择溶剂的种类。

（1）擦洗和浸洗

最简单的擦洗方法是用脱脂棉、镜头纸、橡皮辊或刷子，蘸取水、酒精、去污粉、白垩等擦拭玻璃表面。擦洗时要防止将玻璃磨伤，同时要将表面残余的去污粉、白垩用纯水和乙醇清洗掉。每张镜头纸用过一次就应丢弃，以免二次污染。用镜头纸擦拭方法效率低、成本高，实际生产中很少应用。另一种常用方法是将玻璃放在装有有机溶剂的容器中，进行浸泡清洗。浸泡一定时间后，用镊子或其他特制夹具，清洗过后取出，用纯棉布擦干，此法所需设备简单，操作方便，成本也较低。用于清洗的有机溶剂有乙醇、丙酮、四氯化碳、三氯乙烯、异丙醇、甲苯等。

除了利用溶剂溶解污物外，还可利用溶剂和玻璃表面的化学反应，来清洗表面，如采用酸洗和碱洗。实验室常用的洗液为 $K_2Cr_2O_7$ 和 H_2SO_4 的混合液，能氧化玻璃表面油污，使油污从玻璃表面除去。铬离子容易吸附在玻璃表面，除去比较困难，如要防止铬离子吸附，可改用硫酸和硝酸的混合液来清洗玻璃表面。除氢氟酸外，混合酸加热到 $60 \sim 85 \, ℃$ 时效果较好。

如玻璃表面风化，已形成高硅层，此时需在清洗液中加入一定比例的氢氟酸，例如用硝酸和氢氟酸的混合液，可消除风化层。对中铅玻璃、高铅玻璃以及含氧化钡的玻璃，不适合采用酸清洗，以防止酸对玻璃表面的侵蚀。采用 $NaOH$、Na_2CO_3 等碱性溶液，能较好地清除玻璃表面的油脂和类油脂，使这些脂类皂化成脂肪酸盐，然后再用水洗去。但浸泡时间不宜过长，除去表面污染物层就应终止，避免玻璃表面受碱侵蚀形成凹凸不平层。

（2）喷射清洗

为了提高清洗效率，生产中常用喷射清洗的方法，利用运动流体施加于玻璃表面上的污染物，以剪切力来破坏污染物与玻璃表面的黏附力，污染物脱离玻璃表面再被流体带走。通常采用一种扇形喷嘴，喷嘴安装接近玻璃处，与玻璃表面之间的距离不超过喷嘴直径的 100 倍，喷射压力为 $350 \, kPa$，压力愈大，清洗效果愈好，考虑到降低成本，一般先后使用热水、含洗涤剂的水溶液、自来水、去离子水作为溶剂进行喷射清洗。

2. 有机溶剂蒸气脱脂

用有机溶剂蒸气处理玻璃表面，在 $15 \, s \sim 15 \, min$ 内能清除玻璃表面的油脂膜，可作为最后一道清洗工序。常用的有机化合物有乙醇、异丙醇、三氯乙烯、四氯化碳等。在异丙醇蒸气中处理过的玻璃静摩擦系数为 $0.5 \sim 0.64$，清洁效果好。在四氯化碳、三氯乙烯蒸气中处理过的玻璃静摩擦系数为 $0.35 \sim 0.39$，但这些溶剂中氯与玻璃表面的吸附水反应会生成盐酸，盐酸会沥滤玻璃表面的碱，所以用上述两种溶剂蒸气处理的玻璃表面常有白粉状的附着物。用异丙醇蒸气处理时，玻璃中的碱也会与醇分子中的 OH 基团迅速反应，碱被氢取代而从玻璃表面移去，玻璃表面也形成硅胶层，这是此法的缺点。

当玻璃表面污染比较严重时，在有机化合物蒸汽处理前，应先用去垢剂洗涤，以缩短有机溶剂的蒸汽脱脂时间。此法处理后的玻璃常带静电，易吸附灰尘，故必须在离子化的清洁空气中处理，以消除静电。

3. 超声波清洗

超声波清洗是将玻璃放在装有清洗液的不锈钢容器中，容器底部或侧壁装有换能器将输入的电振荡换成机械振荡，玻璃在低频（$20 \sim 100 \, kHz$）或高频（$1 \, MHz$）的超声波振动下进行清洗。低频时，振动液中的气蚀将污浊的玻璃表面的粗粒除去。高气蚀会损坏玻璃表面，所以低频时要小心地控制输出功率。高频时清洗作用较缓和,可用较大的功率。超声波清洗每次操作时间为 15 s 到几分钟,此法得到静摩擦系数为 0.4。

4.加热处理

加热处理是比较简单的表面清洁方法,可使玻璃表面黏附的有机污物和吸附的水分除去,如在真空下加热,效果更好。一般玻璃加热清洁处理的温度为 100～400 ℃,在超真空下加热到 450 ℃,可得到原子级的清洁表面。加热时可用电阻丝式高温火焰,采用重复"闪蒸"法,即在短周期(几秒钟)内加热到高温,反复"闪蒸"既能成功地清洁表面,又可避免玻璃表面一些组成的扩散和挥发。不易挥发的油污可能受热分解而在表面残留碳粒,只有高温火焰,如氢-空气火焰,借具有高热能的气体冲击玻璃表面的油污膜,把能量传给油污分子而有效地去除油污膜。酒精焰不能使玻璃表面获得黑色呵痕,煤气和压缩空气火焰可使玻璃表面获得黑色呵痕。

5.紫外辐照处理

利用紫外线辐照玻璃表面,使玻璃表面的碳氢化合物等污物分解,从而达到清洁目的。在空气中用紫外线辐照玻璃 15 h,就能得到清洁的表面。如果增加紫外线的能量,用可产生臭氧波长的紫外线辐照玻璃 1 min 就可产生很好的效果,这是由于玻璃表面的污物受到紫外激发而离解,并与臭氧中的高活性原子态氧作用,生成易挥发的 H_2O、CO_2 和 N_2,导致污物被清除。

6.放电处理

将两片玻璃夹起来,两端夹入锡箔并通电,即沿玻璃表面放电,则表面上的异物可除去。实际应用较多的为辉光放电,即在氩、氧等气体中放电,放电电压为500～5000 V,产生等离子体,玻璃放在等离子体中,受到辉光放电等离子体中电子、阳离子、受激原子和分子轰击,使表面清洁。此法常用于镀膜时玻璃基片的清洁处理。

7.离子轰击

离子轰击又称离子蚀刻、离子溅射,在表面测试仪中常用来清洁样品表面。常用的溅射离子为 Ar^+ 离子,由离子枪加速,加速能量为 500～10^4 eV,工作束流为1～200 μA。溅射的 Ar^+ 可逐步剥去表面污染物质,随溅射时间的增加,剥去的表面层深度也增加。在利用高能离子轰击玻璃污物的同时,也会使玻璃表面本身的一些组成刻蚀去,所以应控制合适的溅射速度和溅射时间,以获得清洁的玻璃表面,又不至于影响原有表面的组成和结构。

8.综合清洁处理

实际生产中,由于玻璃表面的污物不是一种类型,往往有多种组分的污物,所以,一方面要根据污物的类型来选择清洗剂,另一方面要提高清洗质量和清洗效率,常常不能采用单一清洁处理方法,而是采用多种方法进行综合处理。对于生产不久,油腻、污物比较少的玻璃,可采用喷射清洗法,先喷自来水冲洗灰尘,再喷洗涤液清洗油污,然后再喷热水冲去残留的洗涤液,最后再用去离子水清洗。也可将喷射和擦洗结合起来,先喷自来水冲洗浮灰,再喷洗涤液并用刷子擦洗,然后用水或热水冲洗,最后再用去离子水清洗。

表面清洁度的检验方法主要有:

(1) 呵痕实验法(breath figure test)

用洁净(经过滤)、潮湿的空气吹向玻璃表面(呵气),放在黑色背景前,如玻璃为洁净的,就呈现黑色、细薄、均匀的湿气膜,称为黑色呵痕(black breath figure)。如玻璃表面有污染,水气就凝集成不均匀的水滴,称为灰色呵痕(grey breath figure)。水滴在灰色呵痕上,有明显的接触角,而黑色呵痕中水的接触角接近于零值。这是检查玻璃表面清洁度常用的简便而有效的方法。

(2) 测定接触角法

在洁净的玻璃表面倒上水和酒精,都能扩展而完全润湿,即接触角等于零。如玻璃表面有污染,水和酒精就不能完全润湿,呈明显而较大的接触角。

(3) 测量静摩擦系数法

测量固体与玻璃的静摩擦系数是检查玻璃表面清洁度的一种灵敏的方法。清洁表面具有很高的摩擦系数,接近于1。玻璃表面如粘有油脂或有吸附膜存在,静摩擦系数减小,如玻璃吸附硬脂酸层时,静摩擦系数仅为0.3。通过测定玻璃表面的静摩擦系数,可以半定量地得到玻璃表面的清洁度。表32.1为不同清洗方法获得的玻璃与玻璃之间的静摩擦系数,由此可评估各种不同方法的清洗效果。

表 32.1 不同清洗方法获得的玻璃与玻璃之间的静摩擦系数

序号	清洗方法	静摩擦系数
1	真空加热(300 ℃ 1 h)	0.2
2	火焰烘烤	0.4
3	异丙醇蒸汽脱脂	0.5~0.64
4	三氯乙烯脱脂	0.39
5	四氯化碳脱脂	0.35
6	阴离子洗涤剂清洗后辉光放电	0.8
7	阴离子洗涤剂清洗,乙醇清洗后擦干	0.33
8	异丙醇清洗后辉光放电	0.8
9	异丙醇中超声(1 MHz 300 W,120 s)	0.4
10	异丙醇中超声(25 kHz 125 W,120 s)	0.28

三、实验仪器与试剂材料

仪器:视屏接触角测定仪、玻璃透/反射率测定仪。

试剂材料：食人鱼溶液。

四、实验步骤

1．食人鱼溶液的配制（具备一定的危险性！）

取浓硫酸 70 mL、30% 的双氧水 30 mL，将双氧水沿着玻璃棒非常缓慢地注入浓硫酸中，由于该过程迅速放出大量热，需要在通风橱中进行，加入次序不可颠倒，加入过程做好防护措施，戴好护目镜和橡胶手套，尽量放置于干燥的冷的砂槽中进行，防止沸腾和溅出，等充分冷却后才可以进行加热。双氧水浓度大于 50% 时易发生爆炸。不可接触或放入有机物或有机溶剂以免爆炸。配制所使用的容器充分清洗干净，避免有机物残留。

2．玻璃片表面清洁处理

将 10 mm×10 mm 的玻璃片分别用不同的清洗方法进行清洁：

（1）将去离子水清洗过的玻璃片烘干后，测试其表面清水性，记录视屏接触角读数。

（3）将玻璃片放入乙醇溶液中，40 ℃超声清洗后，测试其表面与水的接触角。

（3）将玻璃片放入高温真空烘箱中，300 ℃烘干 2 h 后，冷却后测定其表面与水的接触角。

（4）将玻璃片放入热的食人鱼溶液中，处理 3 min 后取出，用去离子水清洗后烘干，测定其表面接触角。

比较不同处理方法玻璃表面接触角的差异性。

3．视屏接触角测定仪使用方法

（1）接通电源，打开电脑，插上启动 U 盘。

（2）打开"接触角软件"文件夹，单击接触角测定软件中的"Angle M"。

（3）打开光源旋钮，顺时针旋转可看到光源亮度增强，根据电脑显示图像调节光源亮度。

（4）调整滴液（液体为预处理时所使用的缓冲溶液，也可以为水或其他液体）针头，使其出现在图像的中间。

（5）调整调节手轮，直到图像清晰。

（6）将玻璃注射器装满液体，安装在固定架上，旋转测微头可使液体流出。

（7）将准备好的样品放在玻璃片上，然后将玻璃片放在工作台上。工作台可通过旋钮上、下、左、右移动，以使物像出现在光源中心。

（8）旋转测微头，流出一滴液体到固体表面，静等 1 s 后，单击"采集当前显示的图像"，可采集到液体在固体表面的图像。

（9）采用"手工做圆、切线法"，可测出液体在固体表面的接触角。

（10）右键点击图像，可将测量的结果保存在图像上，然后点击"文件"中的"另存为"，可将结果保存在文件夹中。

注意事项如下：

（1）液滴尽量靠近试样的前端边缘（可使液滴的下边缘清晰）。

（2）液滴尽可能位于视窗的中心。

（3）液滴边缘要清晰、规则。

（4）将窗口界面按顺序调整好（调整前后焦距和放大焦圈，将窗口上端的黑圈尽量消除掉）。

（5）液滴上边缘如出现很宽的亮白边，说明试样平台前后端倾斜不水平。

五、数据记录与数据处理

1. 数据记录

将实验结果记录于表 32.2 中。

表 32.2　实验数据记录表

试样编号	1	2	3	4	5
接触角					

2. 数据处理

按照接触角大小，对比不同玻璃的表面清洁度。

六、思考题

（1）影响玻璃表面张力的因素有哪些？

（2）玻璃表面张力对玻璃成形有何影响？

实验三十三　玻璃熔制成形实验

一、实验目的

(1) 掌握玻璃组成的设计方法和配方的计算方法。

(2) 了解玻璃熔制的原理和过程以及影响玻璃熔制的各种因素。

(3) 针对生产工艺上出现的问题提出解决的方法。

(4) 熟悉高温炉和退火炉的使用方法和玻璃熔制的操作技能。

(5) 掌握玻璃熔制制度的确定方法。

二、实验原理

玻璃工艺实验主要包括玻璃成分设计、原料选择、配料计算、玻璃熔制、玻璃成形、玻璃退火、玻璃冷热加工、玻璃材料表面装饰以及玻璃材料的性能检测等。根据玻璃制品的性能要求,设计玻璃的化学组成,并以此为主要依据进行配料,将制备好的配合料在高温下进行加热,会发生一系列的物理化学变化,变化的结果使各种原料的机械混合物变成了复杂的熔融物,即没有气泡、结石、均匀的玻璃液,然后均匀地降温以供成形需要。这个过程大致分为五个阶段:硅酸盐形成、玻璃形成、澄清、均化和冷却。

三、实验仪器与试剂材料

仪器:硅钼棒电炉(使用上限温度为 1700 ℃)、硅碳棒电炉(使用上限温度为 1400 ℃)、电子天平、刚玉坩埚、不锈钢挑料棒、长坩埚钳、加料勺、护目镜、石棉手套、成形模具等。

试剂材料:玻璃原料。

四、实验步骤

1. 玻璃的配料

根据所计算的玻璃配方,将所用的各种原料按照一定比例称量、混合即为玻璃配合料。玻璃配合料配制的质量好坏,对玻璃熔制和玻璃材料质量有着很大影响。因此在配合料的制备工艺过程中,必须做到认真细致、准确无误。

当配方确定之后,按照配料单将所需用的各种原料按称量的先后顺序排列放置,此时还应认真核对各原料的名称、外观、粒度等,做到准确无误。校准称量用天平,要求天平精确到 0.1 g,同时准备好称量、配料时所用的器具,如研钵、筛子、盆、塑料布等。按照配料的先后次序,分别精确称取各原料。称量时称一种原料就随时在配料单上做一个记号,以防重称和漏称。对于块状原料或颗粒度大的原料应事先研磨过筛后再称量。在实验室配料时对于粉状原料最好采取先称量后再研磨过筛预混合。当各种原料称量完后,应称量一次总的质量,若总的质量无误则说明称量准确。称量过程中应做到一人称量、一人取料、一人监督(确保配料的准确性)。将称量好后的各原料进行混合,混合的方法是先预混后,再过 40～60 目筛2～3 次,然后将配合料倒在一块塑料布上,对角线方向来回拉动塑料布,使配合料进一步达到均匀。在实验室一般都采用人工配料混合,也有采用 V 型混料机混合。把配合均匀的配合料最后装入料盆,配合料常规检验项目为含水率和均匀度。

　　本次实验参考玻璃组成以 $Na_2O\text{-}CaO\text{-}SiO_2$ 玻璃组成为主,可以设计并制备出不同颜色的器皿玻璃制品用玻璃材料,并对所设计玻璃进行有关性能计算和测定。热膨胀系数:$(85～88)\times10^{-7}/℃$(室温约 300 ℃);热稳定性:$\Delta T>100℃$;抗水化学稳定性:<3 级;熔化温度<1420 ℃;退火温度<570 ℃。颜色要求 2 mm 厚时为天蓝色、海蓝色、绿色、紫色、黑色、孔雀蓝色。成形方法为人工吹制成形。设计参考组成见表 33.1～表 33.4。

表 33.1　透明玻璃器皿组成(wt%)

SiO_2	Al_2O_3	B_2O_3	CaO	BaO	Na_2O	K_2O	ZnO	Na_2SiF_6	合计
72.0	0.5	0.8	5.0	0.5	17.5	1.5	1.0	1.2	100.0

表 33.2　乳白器皿玻璃组成(wt%)

SiO_2	Al_2O_3	B_2O_3	PbO	CaF_2	Na_2O	K_2O	Sb_2O_3	Na_2SiF_6	合计
62.1	5.2	2.6	4.4	2.6	12.6	2.0	0.5	11.0	100.0

表 33.3　仿绿玉色玻璃组成(wt%)

SiO_2	Al_2O_3	B_2O_3	BaO	S	Na_2O	$K_2Cr_2O_7$	CuO	Na_2SiF_6	合计
69.2	8.2	0.6	1.6	0.13	17.0	0.15	0.1	3.2	100.0

表 33.4　红色器皿玻璃组成(wt%)

SiO_2	B_2O_3	ZnO	Na_2O	K_2O	CdS	Se	合计
62.0	3.0	12.0	9.0	13.2	0.7	0.3	100.0

　　由石英砂引入 SiO_2,氢氧化铝引入 Al_2O_3,纯碱引入 Na_2O,碳酸钙引入 CaO,十水硼砂引入 B_2O_3,氧化锌引入 ZnO,氟硅酸钠可以引入 F,所用澄清剂和着色剂

自选并确定百分含量,也可以按配合料的百分含量加入。

以透明玻璃器皿组成(wt%)为例,以制备 100 g 玻璃计算各原料用量。

石英砂用量:$100:99.74 = X:72, X = 72 \times 100/99.74 = 72.19(g)$;

氢氧化铝用量:$100 \times 0.5/(98 \times 0.654) = 0.78(g)$;

碳酸钙用量:$100 \times 0.5/(98 \times 0.560) = 0.91(g)$;

碳酸钾用量:$100 \times 1.5/(98 \times 0.681) = 2.25(g)$;

十水硼砂用量:$100 \times 0.8/(97 \times 0.365) = 2.26(g)$;

由 2.26 g 硼砂引入 Na_2O 量:$2.26 \times 16.3\% = 0.37(g)$;

纯碱用量:$100 \times (17.5 - 0.37)/(98 \times 0.585) = 29.88(g)$;

碳酸钡用量:$100 \times 0.5/(98 \times 0.777) = 0.66(g)$;

氧化锌用量:$100 \times 1/99 = 1.01(g)$;

氟硅酸钠用量:$100 \times 1.2/97 = 1.24(g)$;

合计:119.38 g。

澄清剂用量计算:

二氧化铈以配合料的 0.5% 引入:$119.38 \times 0.5\%/97\% = 0.62(g)$;

硝酸钠以配合料的 3%～4% 引入:$119.38 \times 4\%/98\% = 4.87(g)$;

着色剂用量计算(以蓝色玻璃为例):

氧化铜以配合料的 1%～2% 加入:$119.38 \times 1.5\%/98\% = 1.83(g)$。

透明玻璃实际配料表见表 33.5。

2. 玻璃的熔制

玻璃的熔制过程是指配合料经过高温加热,发生一系列物理化学的现象和反应,最后成为符合要求的玻璃的过程。这是一个非常复杂的过程,一般把玻璃的熔制过程分为五个阶段,即硅酸盐形成、玻璃形成、澄清、均化和冷却。

硅酸盐形成阶段在 800～900 ℃ 基本结束。玻璃的形成温度在 1200～1250 ℃ 完成。玻璃的澄清在 1400～1500 ℃ 结束,这时玻璃液黏度 $\eta = 10$ Pa·s。玻璃的均化温度可在低于澄清的温度下完成。玻璃的冷却阶段是指经澄清、均化后将玻璃液的温度降低 200～300 ℃,以便使玻璃具有成形所必需的黏度。为了使玻璃粉料快速、全部而又不发生"溢料"现象地加入坩埚中,每次加料的温度和时间以玻璃成为半熔状态时为准。澄清阶段的温度最高、时间最长,可根据玻璃组成计算或参考组成相近的玻璃来确定澄清温度。

坩埚先放入箱式电阻炉中预热,加热至 900 ℃,保温一定的时间后移入高温电炉中。将高温炉升到 1300 ℃ 左右,向坩埚内加入配合料的一半左右,炉温将有所下降。待回升至加料温度,保温 15 min 左右,再根据熔化情况分次加料,直至加完为止。电炉在 1300 ℃ 保温 15 min 后,以 5～10 ℃/min 的升温速率升至澄清温度,保温 2 h。在高温炉保温期间,可用不锈钢棒或包有白金的棒搅拌玻璃 1～2 次,同时取样观察,若已无密集小气泡,仅仅有少量大气泡时,玻璃熔制结束,否则需适当延长澄清时间或提高澄清温度。冷却的终点即达出料温度,即可成形。

表 33.5　透明玻璃实际配料表

原料名称	石英砂	氢氧化铝	碳酸钙	碳酸钾	十水硼砂	纯碱	碳酸钡	氧化锌	氟硅酸钠	二氧化铈	硝酸钠	氧化铜	合计
100 g 透明玻璃	72.19	0.78	0.91	2.25	2.26	29.88	0.66	1.01	1.24	0.62	4.87	—	124.87
100 g 透明蓝色玻璃	72.19	0.78	0.91	2.25	2.26	29.88	0.66	1.01	1.24	0.62	4.87	1.83	126.70

3. 玻璃的成形

冷却到一定温度即可出料。在实验室中,玻璃的成形一般采取模型浇注法或"破坩法"。前者把坩埚从炉内取出,倒在预热的模子里成形(块或棒),然后送入退火炉,根据规定的温度(一般 500～600 ℃)进行退火,当冷却到接近室温时,即可从退火炉中取出玻璃制品。应注意的是:成形时玻璃液倒入模子中,不要使气泡和条纹再产生,并防止开裂,应特别注意退火温度制度的控制。后者是在完成熔制后,连同坩埚一起冷却并退火,冷却后再除去坩埚,得到所需的试样。

五、实验结果和讨论

实验过程中的工艺参数与理化性质的测试结果见表 33.6。把有规律的结果绘制成特定的图表。结合所学的知识对所确定和熔制的玻璃的性能及制备过程进行评述,编写综合实验报告。对于某些在实验过程中无法获得的性能和数据,可参考有关文献和资料来确定。

表 33.6　实验过程中的工艺参数与理化性质的测试结果

分析项目　　熔制温度(℃)					
样品编号					
保温时间					
加料方式					
熔制质量评定	熔透情况				
	澄清情况				
	透明度				
	颜色				
	坩埚侵蚀情况				
	其他特征				
结论					

六、思考题

(1) 在熔窑和坩埚内熔化同成分、同原料的玻璃时,其质量有无差异? 为什么?

(2) 熔化玻璃时为什么会出现"溢料"现象? 怎样防止?

(3) 在玻璃冷加工过程中如何检验玻璃的抛光程度?

(4) 玻璃中有几种应力? 应力是怎样产生的?

(5) 颜色玻璃的制备应注意哪些问题?

(6) 如何判断、确定玻璃的熔化程度?

(7) 分析制得的玻璃材料中存在的缺陷产生的原因。

实验三十四　玻璃工艺设计研究型实验

一、实验目的

综合性实验是根据选题的需要,将各个孤立的实验,通过课题内容的需求,有机地贯穿起来,成为一体,又称设计性实验或研究性实验,即由教师指定的无机非金属材料(可以是现有材料,也可以是拟研制的新材料)或学生自选的一种感兴趣的材料为对象,让学生自己设计材料的成分与性质,制定制备(实验)工艺制度(技术路线),自己动手制备材料,确定要测试的性能和性能测试方法。一般来讲,如果所选材料是一种现有材料,则属于设计性实验;如果所选材料为拟研制的新材料(或现有材料的原料、性能、工艺等方面的改进),则属于研究性实验。

玻璃综合性设计实验是"玻璃工艺学"实践教学过程中的重要组成部分,是对理论教学的补充和增强学生感性认识的必要环节。玻璃综合设计性实验旨在模拟玻璃工业的生产工艺过程和相关工艺过程,让学生在实验室内学会有关玻璃材料的组成设计、原料选择、配方计算、玻璃制备、玻璃加工以及性能测试等全过程的实验研究方法。通过玻璃工艺实验锻炼,使学生的实验技能得到基本训练和提高,让其掌握科学实验的主要过程与基本方法,培养学生运用所学知识进行自主设计实验方案和实验过程、独立分析实验结果的能力。在进行玻璃工艺实验的过程中,学生的动手能力得到较大提高,所学理论知识也得到进一步升华,并提高了分析问题和解决问题的能力,同时也为学生今后的工作和毕业论文环节奠定了良好的基础。

二、实验要求

进行综合性设计实验,学生要严格按照指导教师和实验的要求进行实验,要做好充分的准备,合理地组织安排实验进程,具体要求如下:

(1) 在实验前,由老师讲解实验的具体内容和要求,并下达本次综合实验的实验课题与任务书。每个学生根据自己的兴趣或老师安排确定实验的题目,按照3~6人为一个实验小组进行综合设计实验,并在进行实验前提交实验方案的设计报告(开题报告)。

(2) 根据玻璃综合设计实验所安排的时间,按时进入实验室进行实验。

(3) 实验操作前应认真准备和检查实验所需原料、设备、器具等,若发现问题,及时报告指导老师解决或补充。实验过程中严格按规程操作,做好实验记录,要有实事求是的科学态度,做到严谨、细致、耐心,切勿潦草从事。要善于发现和解决实验中出现的问题。实验完毕后,应清理所用仪器设备和原材料,并整理好实验室,方可离开。

(4) 玻璃制备及相关性能测试实验完成后,每个实验小组提交一份实验报告,并准备一份 5 min 的 PPT 报告,对实验的内容和收获进行说明(结题答辩)。

(5) 在整个实验过程中,要遵守实验室制度,注意安全,爱护仪器设备,节约水电和原材料,保持实验室内安静、整洁。

三、玻璃综合性设计实验的课题选择

综合性设计实验课题的内容以材料制备(研制)为主(例如,翠绿色玻璃的制备、高介电微晶玻璃的研制)。实验课题以加深学生对专业知识的理解和掌握,培养学生能力为主要原则来确定。实验课题可以是教师命题、教学方面有关理论探讨的课题、教师的科研课题及生产中待解决的实际课题,也可以是学生创造性自选的感兴趣的课题。

本综合设计实验可供选择的课题如下:

(1) 器皿玻璃的制备(透明、乳白、颜色);

(2) 颜色玻璃的制备;

(3) 微晶玻璃的制备(Zn-B-Si 系统、氟化物系统);

(4) 热封接玻璃的制备;

(5) 玻璃的低温制备(sol-gel)。

四、玻璃综合性设计实验的准备阶段

1. 查阅文献,撰写实验设计方案

(1) 根据实验任务书的要求,查阅、翻译课题相关的中外文献资料(文献数量 3~5 篇)。

(2) 认真阅读和理解参考文献资料,了解课题的相关内容:所制备(研制)材料的特点、课题的国内外研究现状等基本情况。在本课题的基础上,结合所学专业知识,写出本次实验的设计方案报告,其内容包括文献综述(课题的目的和意义等)、化学组成设计、配方计算、实验过程、性能测定项目、所需实验仪器设备及化学试剂和矿物原料等。

2. 玻璃化学组成的设计

在明确玻璃中各氧化物的作用及玻璃组成设计原则和步骤的基础上,根据玻璃性能,设计玻璃组成。

(1) 玻璃组成设计的原则。

玻璃的组成决定玻璃的结构,而玻璃的结构又决定玻璃的性能。因此在设计玻璃组成时,要根据组成—结构—性能之间的变化关系,使所设计的玻璃组成满足

和达到预期的性能要求。

玻璃组成的设计一定要在玻璃理论指导下进行,使玻璃设计的组成能够形成玻璃,在设计时依据玻璃形成图和相图作为设计依据,使所设计的玻璃组成析晶倾向小,析晶温度范围窄,析晶上限温度低于液相线温度,但在设计微晶玻璃组成时除外。

在实验室条件下设计玻璃组成,一定要根据实验室的熔制条件、成形手段等进行。本实验可设计玻璃熔化温度在 1350 ℃ 以下,成形方法可选择浇铸成形方法。

设计玻璃组成时,要参考实验室现有的常用原料,尽可能减少或不用特殊原料和价格昂贵的原料,使所设计的玻璃组成原料易于获得。

(2) 玻璃组成的设计步骤如下:

① 选择设计题目。

② 列出设计玻璃的性能要求:列出所设计玻璃的主要性能要求,作为设计组成的指标。针对设计玻璃材料的用途不同,分别有重点地列出其热膨胀系数、软化点热稳定性、化学稳定性、机械强度、光学性质、电学性质等要求指标。有时还要将工艺性能的要求一并列出,如熔制温度、成形操作性能和退火温度等因素,必要时还应进一步确定升温和降温温度制度曲线。

③ 拟定玻璃的化学组成:按照前述设计原则,根据所要设计玻璃的性能要求,参考现有玻璃组成和相关文献资料,采用适当的玻璃系统,结合设计玻璃材料用途及生产工艺条件,拟定出设计玻璃的最初组成,玻璃组成用质量分数(wt%)表示。通常为表示方便,参考的现有玻璃组成和拟定的设计组成可用表格列出(表 34.1)。

表 34.1 某玻璃设计组成(wt%)

成分	SiO_2	Al_2O_3	B_2O_3	Na_2O	K_2O	CaO	MgO	Fe_2O_3	合计
参考组成	67.5	3.5	20.3	3.8	4.9	—	—	—	100.0
设计组成	66.5	3.0	23.0	3.7	3.8	—	—	—	100.0

对于新品种玻璃,则可参考有关相图和玻璃形成图选择组成点,拟出玻璃的最初组成,然后再进一步设计出玻璃的实验组成。

④ 计算玻璃性能:当设计玻璃组成确定之后,按有关玻璃性质计算公式,对所设计玻璃的主要性质进行计算,如果不合要求,则应当进行组成氧化物的适当增删及其引入量大小的调整,然后再反复进行计算、调整,直至初步合乎要求时,将其作为设计玻璃的实验组成。

3. 原料的选择和准备

玻璃熔制实验所需的原料一般分为工业矿物原料和化工原料。在进行玻璃新品种和性能研究时,为了排除原料成分波动的影响,一般采用滑盖产品,甚至是化学试剂作为实验原料。当实验室研究完成,进入中试和工业性实验时,为了适应工业性生产的需要,一般采用工业矿物原料进行熔制实验。

本实验采用化学试剂为实验原料，现有实验原料包括石英砂（60～80目）、硼砂（$Na_2B_4O_7 \cdot 10H_2O$）、硅酸钠、氢氧化钠、碳酸钙、碳酸钡、碳酸钠、二氧化锆、三氧化二铁、氟化铅、氟化钙、氟化锌等。

4. 坩埚的选择和使用

实验室常用的坩埚一般有耐火黏土质、莫来石质、刚玉质、熔石英、锆刚玉质和白金等。当配合料为酸性时，一般使用石英坩埚。熔化含有大量硼、氟、磷、铅、钡及碱金属氧化物玻璃时，应利用含氧化铝量高的坩埚或含 95%～97% Al_2O_3 的刚玉坩埚。根据配合料熔制温度的要求，进一步考虑使用何种工艺、何种材质制造的坩埚。有时为了避免因耐火材料引入杂质而影响实验结果，可使用白金坩埚，白金坩埚是较为贵重的高温使用器皿，所以使用时要特别加以注意，在高温时不能与单质砷、硅、磷、钾、钠、硼、钙、镁、硫、碳接触。高温下不能使用铁质坩埚，而要在与白金坩埚接触处包上铂，如果使用套坩埚，则在其底部和周围最好使用 Al_2O_3 粉作为填料。坩埚用完后只能用 HF 酸清洗，不能用硬质东西敲掘。

本实验采用瓷坩埚，使用时应在下面放置承托板（垫板）并铺上石英砂或 Al_2O_3 粉，以防止玻璃液溢出或坩埚破裂时玻璃液腐蚀电炉。

5. 配方计算

玻璃配方的计算也称为配合料的计算，根据玻璃实验组成和所选原料的化学组成进行玻璃配方计算。在实验室条件下制备玻璃，通常是先计算熔制 100 g 玻璃所需的各种原料的干基用量，然后再按需要制备玻璃量的多少（根据所选坩埚的大小）计算出干基配合料配料单，并将计算的结果以表格形式列出。

6. 工艺制度的确定

根据玻璃的实验组成，列出实验玻璃预熔化温度、保温温度、加料温度、退火温度、熔化时间等参数，设计制定熔化工艺制度、退火工艺制度（图 34.1）。有时还应考虑选择使用何种熔化用的坩埚等因素，具体包括：

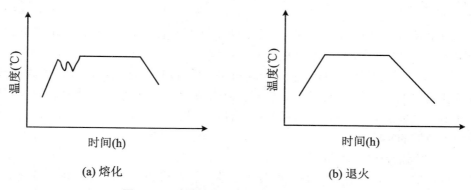

(a) 熔化　　　　　　　　　　　　　　　(b) 退火

图 34.1　玻璃熔化工艺制度、退火工艺制度

（1）熔制温度的确定：影响熔制温度的因素有很多，可综合以下三种方法来确定：① 用 t 值估算；② 用黏度（10 Pa·s）计算；③ 参考实际玻璃的温度制度。

（2）熔制气氛的确定。

（3）热处理制度（退火制度、晶化处理制度）的制定。

7. 确定实验方案

（1）确定玻璃制备（研制）的实验方案：包括采用的技术路线、材料的性能测试等。

（2）拟定各项实验的顺序，熟悉各项实验的原理、步骤等。

（3）在完成以上内容的基础上，写出本次实验的设计方案报告，内容包括：文献综述[课题的目的和意义、所制备（研制）材料的特点、课题的国内外研究现状等]、化学组成设计、配方计算、实验过程、性能测定项目、所需实验仪器设备及化学试剂和矿物原料等。

要求在上交实验方案时一并附上参考文献正文，并注明资料来源，综合实验方案报告字数要求在 1500 字左右。

五、玻璃综合性设计实验的实验阶段

1. 配合料的制备

根据所计算的玻璃配方，将所用的各种原料按照一定比例称量、混合即为玻璃配合料。

玻璃配合料配制的质量好坏，对玻璃熔制和玻璃材料质量有着很大影响。因此在配合料的制备工艺过程中，必须做到认真细致、准确无误。配料程序如下：

（1）当配方确定之后，按照配料单将所需用的各种原料按称量的先后顺序排列放置，此时还应认真核对各原料的名称、外观、粒度等，做到准确无误。

（2）校准称量用天平精确到 0.1 g，同时准备好称量、配料时所用的器具，如研钵、筛子、盆、塑料布等。

（3）按照配料的先后次序，分别精确称取各原料。称量时称一种原料就随时在配料单上做一个记号，以防重称和漏称。

对于块状原料或颗粒度大的原料应事先研磨过筛后再称量，在实验室配料时对于粉状原料最好采取先称量再研磨过筛预混合。当各种原料称量完后，应称量一次总的质量，若总的质量无误则说明称量准确。称量过程中应做到一人称量、一人取料、一人监督以确保配料的准确性。

（4）先预混后，再过 40～60 目筛 2～3 次。将称量好的各原料进行混合，混合的方法是将配合料倒在一块塑料布上，然后对角线方向来回拉动塑料布，使配合料进一步达到均匀。在实验室一般都采用人工配料混合，也有采用 V 型混料机混合，把配合均匀的配合料最后装入料盆备用。

为保证配料的准确性，首先将原料经过干燥或预先测定含水量。在混料时，可将配合料中的难熔原料如石英砂等先置入研钵中（配料量大时使用球磨罐），加入

4%的水和纯碱等,预混合 10～15 min,再将其他原料加入混合均匀。

2. 玻璃的熔制

玻璃的熔制过程是指配合料经过高温加热,发生一系列物理化学的现象和反应,最后成为符合要求的玻璃的过程。这是一个非常复杂的过程,一般把玻璃的熔制过程分为 5 个阶段,即硅酸盐形成、玻璃形成、澄清、均化和冷却。

玻璃熔制的各个阶段各有特点,同时它们又是彼此密切联系和相互影响的。在实验室条件下熔制玻璃,5 个阶段是通过控制炉温和熔制时间来达到的,其中主要是控制加料、澄清的温度和时间。

为了使玻璃粉料快速、全部而又不发生"溢料"现象地加入坩埚中,每次加料的温度和时间以玻璃成为半熔状态时为准。澄清阶段的温度最高、时间最长,可根据玻璃组成计算或参考组成相近的玻璃来确定澄清温度。实验室电炉熔化玻璃的熔制温度曲线如图 34.2 所示。

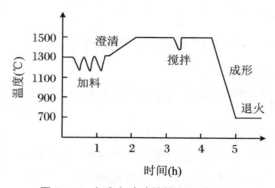

图 34.2　实验室玻璃的熔制温度曲线

除特殊需要外,一般炉内压力应保持常压或微正压。若熔化的玻璃对炉内气氛有要求时,可通过往炉内通入氧气和氨-乙炔混合气来调节。

3. 玻璃的成形

为了满足玻璃测试的需要,减小玻璃试样的加工量,在玻璃成形时应尽量按测试要求制作试样的毛坯。例如,测定玻璃热膨胀系数需用棒状、测定透光率需用片状。

将成形模具放在电炉上预热,取出坩埚,先浇铸一根 10 mm×10 mm×100 mm 的玻璃棒,长度应不大于 100 mm;其次成形一块 30 mm×30 mm×15 mm 的玻璃块,余下的玻璃液倒在模具板上自由成形或倒入冷水中水淬为颗粒状备用。

4. 玻璃的退火

为了避免冷却过快而造成玻璃炸裂,玻璃毛坯定形后应立即转入退火用的箱式电阻炉中,在退火温度下保温 30 min 左右,然后按照冷却温度制度降温到一定温度后,切断电源停止加热,让其随炉温自然缓慢冷却至 100 ℃ 以下,出炉,在空气中冷却至室温。

若玻璃试样退火后经应力检验不合格,须重新退火,以防加工时爆裂。重新退火时首先将样品埋没于装满石英砂的大坩埚中,再把坩埚置于马弗炉内,升温至退火温度,保温 1 h,然后停止加热,让电炉缓慢降温(必要时在上、下限退火温度范围内每降温 10 ℃保温一段时间),直至 100 ℃以下取出。

5. 玻璃的热处理(制备微晶玻璃时)

将退火后的玻璃进行差热分析测试,确定玻璃的热处理制度(核化温度和晶化温度),根据制定的实验方案进行微晶玻璃的制备。

6. 玻璃的加工及试样制备

成形后的样品毛坯除了极少数能符合测试要求外,大多数还需要再加工。玻璃试样的加工分为冷加工和热加工。根据制得的玻璃用途,确定测定项目及试样尺寸,然后对其进行加工。

(1) 玻璃试样的冷加工通常是切割、研磨和抛光等。当玻璃试样比要求的大许多时,需用切割机将其切开。锯片为镶嵌金刚石的圆锯片或碳化硅锯片,其以高速旋转进行切割,切割时应用水冷却,以免因高速切割造成玻璃试样局部温度升高而炸裂。

浇铸成形或切割后的玻璃表面一般不平整,尺寸与测试要求也有误差,因此往往需要进行研磨,磨料采用金刚砂,金刚砂的粒度分别为 0.5 mm、0.3 mm、0.1 mm。为了提高研磨效率和质量,可先用粗粒磨料,待试样磨平或尺寸基本合格时换中等粒度的磨料,最后进行细磨。

根据要求,有些试样的表面需要进行抛光,抛光采用毛料材质的抛光盘,用红粉(Fe_2O_3)或氧化铈粉作为抛光介质。

(2) 在制作玻璃试样的过程中,有时需要通过热加工来完成,例如,淬冷法测玻璃热稳定性的试样需烧成圆头,自重伸长法测软化温度的试样要拉制成丝并烧圆头等。热加工的方法是用集中的高温火焰(冲天喷灯)将玻璃样品局部加热,使玻璃表面在软化时靠表面张力的作用变圆滑。若要拉成玻璃丝,可使玻璃条或棒加热软化,用手拉后制成一定直径的玻璃丝。

7. 玻璃性能测试

玻璃试样的主要性能能否达到要求,需对其进行测定。普通硅酸盐玻璃一般要测定密度、线膨胀系数、软化温度、热稳定性、析晶性能、透光率和透过光谱、应力及化学稳定性等,根据自己所设计制得的玻璃品种和用途可选 3～5 项性能进行测定,但要求对其他性能的测定方法有一定了解。

8. 注意事项

(1) 玻璃熔制时一定要用坩埚套,高温炉底板也应垫一层粗氧化铝粉,以防止"溢料"或坩埚炸裂后玻璃液污染侵蚀炉衬。

(2) 浇铸成形时,浇铸点和玻璃液流要稳定,避免玻璃内部产生条纹。

(3) 在研磨过程中,严防粗细磨料掺混,由粗磨改细磨时,要认真清洗磨盘。

细磨要耐心仔细,以节约抛光时间。无论在工厂还是在实验室进行玻璃的研磨和抛光,磨料都应回收再利用。

(4) 综合实验的时间较长,影响因素较多,实验时要认真观察、详细记录,出现不满意的结果时要认真分析,找出其原因。除熔制玻璃实验外,其他实验时间可预约自定。

六、玻璃综合性实验的结束阶段

(1) 有针对性地进一步查阅资料文献,充实理论与课题。

(2) 将实验过程中的工艺参数与理化性质的测试结果设计成表格,把有规律的结果绘制成特定的图表。结合所学的知识对所确定和熔制的玻璃的性能及制备过程进行评述。如果认为某些数据不可靠,可补做若干实验或采用平行验证实验,对比后决定数据取舍。若某些性能和数据在实验过程中无法获得,可参考有关文献和资料来确定。

(3) 根据拟题方案及课题要求写出总结性实验报告:实验报告内容应包括立题依据、原理、原料化学组成、配料技术结果、制备工艺、工艺制度、测试方法及有关数据、常规与微观特性检验的数据、图片或图表、试制经过及结论,并提出存在的问题。报告封面可参照方案设计报告。

(4) 对实验报告进行答辩(PPT)。

本实验的三个阶段——准备阶段、实验阶段、结束阶段的持续时间很长,可以灵活安排实验时间,可充分利用课后时间或假期自行合理安排。

实验三十五　玻璃管(棒)的加工

一、实验目的

(1) 了解酒精喷灯的使用方法。

(2) 初步学会玻璃管、玻璃棒的截断,制作玻璃弯管、玻璃钉、滴管。

二、实验原理

玻璃灯工以玻璃管(棒)为基材,在专用的喷灯火焰上进行局部加热后,利用其热塑性和热熔性进行弯、吹、按、焊等加工成形的技术。

能将玻璃加工成形,是因为玻璃有以下性质:① 无固定熔点,其黏度随温度升高连续变小,冷却时因黏度变大而固化。② 有内聚力和表面张力,使玻璃熔化时团缩增厚,软化时可吹成球状或拉延成圆柱形。③ 热导性差,使玻璃部件局部加热软化直至烧熔,而其余部位仍处于低温,不变形且可以手持。④ 玻璃灯工加工的玻璃部件一般属于薄壁,然而其热膨胀系数与热稳定性成反比关系。硬质玻璃软化点高,热膨胀系数小,可用煤气-氧或氢-氧等高温焰加工而不致破裂。软质玻璃热膨胀系数大,热稳定性差,用高热值煤气加热即可达到灯工要求的温度。⑤ 能浸润金属,浸润角愈小则黏着力愈大。纯金属状态浸润角一般比其氧化物状态浸润角大,因而玻璃与表面氧化的金属更能气密地封接。

酒精喷灯的使用:酒精经喷灯出口处引燃后,若供氧不足,火苗呈黄色,这时火焰温度约 600 ℃,叫作"还原焰",俗称"文火",操作时用来对玻璃预热和退火。调节空气量的大小可以改变火焰的温度,要拉制的玻璃管在文火中预热后,一般放在火焰高度的 2/3 处即氧化焰中加热,使玻璃管受热均匀且加快熔融。加工好的玻璃仪器内会产生应力,若不经退火会自然爆裂,一般要在文火中退火以消除应力,再将其放在石棉网上于空气中慢慢冷却。

三、仪器与试剂材料

仪器:酒精喷灯、锉刀等辅助器具。

试剂材料:玻璃管、玻璃棒。

四、实验步骤

1. 玻璃管的切割

在需要截断的地方,用锋利的三角锉刀的边棱或扁锉刀锉出一条细而深的痕,锉时要向同一方向锉,不要来回乱锉,否则不但锉痕多、粗,还会使锉刀变钝。然后用两手捏住锉痕两旁,大拇指顶住锉痕的背面,两手向前推,同时朝两边拉,玻璃管就能平整地断开。

2. 玻璃管的弯制

左手捏住玻璃管的一端,右手托住另一端,将玻璃管平放在火焰上,然后用左手的大拇指和食指慢慢地转动玻璃管,使其受热均匀,火焰由小到大,到玻璃管软化时,将玻璃管移出火焰轻轻地弯一小角度,然后再在火焰上加热(加热的部位是前一次加热位置的旁边),再移出火焰弯制,重复操作,直到弯成所需的角度。完好的玻璃管应在同一平面上。

3. 玻璃钉的制作

将玻璃棒一端在酒精灯上边转边烧,直到红软,然后在石棉板上垂直按下去,按成一个直径为 1 cm 左右的玻璃钉,另一端在火焰上烧圆。

五、注意事项

(1) 酒精灯在使用前用通针将喷火孔扎通,否则不能引燃。使用中若发现酒精储存罐底部凸起,应停止使用,检查是否喷火孔堵塞或酒精过多,以免灯身崩裂造成事故。酒精灯中的酒精少于 20 mL 时应停止使用。喷灯用毕后,关小火门,吹灭,不能立即用手按触以免烫伤。

(2) 注意弯管的时候不要用力过大,否则在弯的地方会瘪陷或起结节。

六、思考题

(1) 玻璃管或玻璃棒截断时为什么要向一个方向锉?

(2) 玻璃弯管的制作过程中为何要多次弯制,每次轻轻弯一小角度?

实验三十六　玻璃的彩饰工艺实验

一、实验任务及目的

（1）根据所选用的玻璃制品种类，选择一种合适的彩饰方法，进行玻璃的彩饰工艺综合实验。

（2）通过在实验室条件下，学生自己设计图案，制备各种彩釉料，再采取手工法描绘（或其他方法）装饰玻璃制品，使学生对各种玻璃彩饰的基本手法、工艺过程有初步的认识和理解。

二、彩釉的制备过程

玻璃制品的装饰有多种方法，如雕刻法、镀银法、喷砂法、腐蚀法、喷涂法、彩饰法等。但日用玻璃制品装饰多采用彩饰法。彩饰是通过各种方法把彩釉施在玻璃表面，再经过彩烧而成。该装饰图案美观大方，便于大批量生产。

彩饰一般分为印花、贴花、描绘等几种方法。印花是在不同色釉中加入印花调和油，制成一定精度的膏状液体，通过网板镂孔花纹，把色釉图案复印到玻璃表面，经加热干燥，调和油挥发分解，色釉即黏附于玻璃表面，再经过烧烤，即成为彩饰产品。印花可采用印花机进行。在实验室条件下可采用丝网手工印花，以了解印花的工艺过程。

贴花是把印刷有彩釉的贴花纸贴在玻璃表面，待稍干后，再经炉内烧烤而成。贴花与印花相比较，贴花立体感强，图案清晰。目前贴花用的各种图案贴花纸，是由专门工厂制造的。一般贴花纸按彩釉烧烤温度不同，分为高温贴花纸和低温贴花纸，在选用时可根据玻璃制品的种类、厚度及需要选购。

描绘也称手绘，指通过手工将彩釉在玻璃制品上描绘出各种图案，再经烘烤而成。该方法制作的产品艺术性强，但生产效率低。用来描绘的彩釉必须很细，再与调和剂调和成有黏性的膏状液体，常用的调和剂有乳香、煤油、樟脑油、松油醇等。

彩釉的制备是以低熔玻璃作为熔剂和基础组分，再加入适当的无机矿物颜料组成，其流动温度应比玻璃制品的变形温度低 $10\sim20\,^{\circ}\mathrm{C}$，膨胀系数应等于或接近于玻璃的热膨胀系数，相差不得超过 $\pm5\%$。

彩釉还必须有一定的化学稳定性，在热水与 2% 碱液或 3% 乙酸溶液中不应受到浸析。一个制品彩釉中尽可能不含铅或含较少量铅，如含铅则溶出量必须控制在 25 mg 以下,镉溶出量在 2.5 mg 以下。彩釉色彩要稳定,光泽要好,色调要纯正,有良好的遮盖能力。

1. 熔剂的组成设计与制备

熔剂的组成设计与玻璃组成设计相同,通常所选择的系统为 SiO_2-B_2O_3-PbO、SiO_2-B_2O_3-PbO-Na_2O,如对玻璃制品装饰含铅量有一定要求时,可选择无铅釉作为熔剂,其成分范围为:SiO_2 14.5%~17.7%;B_2O_3 16.5%~20%;$LigO$ 2.3%~2.8%;CaO 3.3%~3.8%;Na_2O 4.2%~5.2%;TiO_2 8.7%~11.0%;线膨胀系数为 $90×10^{-7}/℃$。熔剂组成设计好后,进行原料选择和配方计算,根据配方制备配合料。将配制均匀的配合料在电炉内熔化,待熔化完成倒入冷水中进行水淬,然后烘干、球磨、过筛即得到低熔玻璃熔剂。

2. 色料的制备方法

色料的制备方法与陶瓷颜料相同,实验时可查阅有关文献资料或参考陶瓷工艺学进行。着色颜料通常是由金属氧化物或其盐类(经加热即成为该金属的氧化物)在高温下煅烧而成,一般使用以下几种:

绿色颜料:氧化铬(Cr_2O_3);

蓝色颜料:铝酸钴($CoO·Al_2O_3$);

褐色颜料:红色氧化铁、钇盐等;

红色颜料:镉红,是由硫化镉和硒镉制得的;

黄色颜料:硫化镉、铬酸铅等;

黑色颜料:铬酸铁与钴盐或锰盐的混合物;

白色颜料:氧化钠、高岭土、氧化锡。

三、彩饰手工描绘工艺过程

(1)首先把制备好的彩釉用调和剂进行充分搅拌调和,使其能够满足印刷或手绘要求,选择需要手工描绘的玻璃制品,把制品用干净的布擦干净,如有必要还应用水清洗烘干制品。

(2)准备好描绘用的工器具,例如毛笔、刷子等,毛笔要求每一种色釉料 1 个,否则会产生彩釉料颜色互相干扰。

(3)手工描绘时,应提前自己设计好图案,要求画出草图。图案应有一定的创新,彩釉选用应在 3 种以上。

(4)描绘时先在一块玻璃板上实验,寻找在玻璃上绘画的手感,然后再在制品上描绘出所设计的图案。

(5)描绘结束后,把制品放入烘箱中低温烘干或自然干燥,但干燥过程应有防尘措施。

四、彩饰制品的烧烤工艺过程

(1)把干燥好的制品小心装入电炉内,制品之间不应相互接触,并应装在炉内温度均匀区内,远离加热元件,以防影响制品烧烤质量。

(2) 设计烧烤温度制度,按温度制度对电炉进行升温、保温、降温处理。在烧烤工作完成后,要求根据所记录的实际温度和时间,画出真实的烤花温度曲线。

(3) 待炉内温度下降到一定温度时,打开炉门,取出彩饰制品。

(4) 玻璃彩饰制品在烤花过程中,在各温度下的变化情况与彩釉料种类及组成有关,其变化的情况以膏釉料为基准,大致变化情况如下:

① 20～100 ℃:在送入电炉后,彩釉基本没有变化,只是进一步排除吸附水分过程。

② 100～200 ℃:溶剂(油)中的挥发成分开始挥发。

③ 200～500 ℃:溶剂(油)中的重质成分开始挥发,进一步开始燃烧碳化、汽化而使溶剂消失。

④ 500～580 ℃:彩釉中的易熔玻璃料开始熔化,同时玻璃表面也稍微软化。

⑤ 580～620 ℃:易熔玻璃料完全熔化,着色颜料发出颜色,玻璃表面软化并与着色玻璃彩釉料结合在一起,色调变得非常鲜艳。

⑥ 620～520 ℃:玻璃应力消除。

⑦ 520～20 ℃:玻璃逐渐冷却,烤花过程结束。

以上为高温型烤花彩釉的烤花温度变化情况,仅作为实验过程参考。在实验过程中,温度制度的拟定一定要考虑彩绘的玻璃制品的软化温度和所用的彩釉烧烤温度,否则在烤花过程中,温度过高会发生制品变形或颜色失真,温度过低会造成烤花颜色不鲜艳或黏接力不牢固。

五、制品烤花质量分析与报告要求

对所制得的彩饰玻璃制品质量进行分析研究,确定影响烤花质量的因素。从工艺角度分析烤花温度制度是否设计合理,操作过程是否正确。从彩釉的制备角度分析所用彩釉组成设计是否合理,制备过程是否正确。最后要求对整个工艺过程做出评价,进行分析讨论,并结合所学专业知识,参考有关文献资料,写出实验论文报告。

六、玻璃的装饰工艺实验说明

该综合实验学生可自选装饰方法,参照本实验过程可选择印花工艺、贴花工艺及腐蚀工艺等。但要求提前写出实验方案及操作步骤,在实验室条件满足的情况下,尽可能为学生提供条件。

七、思考题

(1) 还原性色釉料能否与氧化性色釉料混合使用? 为什么?

(2) 手绘色釉料的粒度大小对质量有何影响?

（3）简述色釉料粉体的制备过程。

（4）烘烤温度的高低对产品质量有何影响？

（5）实验中所装饰的玻璃制品有何缺陷？并分析原因。

（6）试设计一实验室用烤花电炉。

（7）查阅文献资料，了解玻璃用烤花纸的制作工艺过程。

（8）简述丝网印刷图案的工艺流程。

实验三十七　玻璃制品低温整体着色

一、实验目的

(1) 了解玻璃着色的原理。
(2) 掌握玻璃低温整体着色的方法。

二、实验原理

使玻璃着色的物质,称之为玻璃的着色剂。在可见光谱中,除去被物体选择吸收的部分外,物体现出的颜色就是吸收的部分光谱色的补色。白色的光照射在物体上如果被完全吸收了就会呈现出黑色,如果是对所有波长吸收的程度相同那就会呈现灰色,如果照射在物体上光几乎全部通过就会是透明色,如果照在物体上吸收了某些波长又散射出另一些波长就会是散射色。玻璃对光的吸收是因为原子中的电子在接收照射后是由较低的能级(E_1)跃迁到较高的能级(E_2),当 $E_2 - E_1$ 等于可见光的能量时,就会呈现颜色。吸收光的波长长度和能量差有很大的关系,能量差越小,波长就越长,所以表现出来的色泽就会越深。

氧化铁是有色玻璃生产中用得最广的,也是最普遍的一种着色剂。在灰色、绿色和棕色建筑、瓶罐玻璃及绿色器皿玻璃中使用广泛。在 Na_2O-CaO-SiO_2 玻璃中,铁以 Fe^{2+}、Fe^{3+} 这两种形式存在,每种离子都有它的特征吸收光谱,玻璃的颜色取决于两者的平衡,而颜色的强度则取决于氧化铁的总含量。但是二价的铁离子只有在 1050 mm 处有一个宽的吸收率,所以为了简单地确定三价和二价铁离子之比,CR Bamford 给出了一个关系式:

$$\frac{\rho}{1 - \rho} = 0.133$$

式中:

　　ρ——Fe^{2+} 的百分率;

　　$1 - \rho$——Fe^{3+} 的百分率。

三、实验仪器与试剂材料

仪器:高温炉、球磨机、震动粉碎机。
试剂材料:玻璃、氧化铁。

四、实验步骤

取玻璃片若干,用震动粉碎机粉碎。称量 100 g 玻璃粉,加入 1.0 g 氧化铁,球磨机混料 1 h 后,置于坩埚中。将坩埚放入高温炉中,升温至 1200 ℃ 保温 2 h,取出玻璃液成形即可。

五、材料的表征

(1) 对着色玻璃的光透过率进行表征。
(2) 对着色玻璃的内应力进行表征。

六、思考题

(1) 影响玻璃着色温度的因素有哪些?
(2) 本次实验为什么要用玻璃制品做原料?

实验三十八 气泡玻璃的制备

一、实验目的

（1）了解气泡玻璃的用途。

（2）掌握气泡玻璃的制备原理及制备方法。

二、实验原理

玻璃作为一种非晶无机非金属材料,在建筑、日用、艺术、医疗、化学、电子、仪表、核工程等领域都得到了广泛的应用。气泡玻璃中的气泡能对光线产生折射,其折射的光线又能产生流光溢彩的视觉效果,因而气泡玻璃广泛应用于制作各种灯饰、建筑隔断等,并且气泡玻璃具有可任意切割、钻孔、磨抛、烤弯、印刷等加工性能。

目前气泡玻璃的生产是采用向玻璃液中加入化学药剂,化学药剂在熔窑的高温作用下产生气体,同时通过搅拌使气泡均匀分布在玻璃液中,再通过压延、平拉得到气泡玻璃。这种气泡玻璃的生产方法成本高,玻璃中会残留化学药剂的分解物,从而对玻璃的性能造成一定的影响。

通过将平板玻璃叠加合片放到熔窑里面去烧结,自然形成气泡形状,可制成平板气泡玻璃,且玻璃内的气泡可自由选择;同时,也适用于多层平板气泡玻璃,通过对玻璃交错叠放,可以厚度可控地制备不同厚度的平板气泡玻璃。

三、实验仪器与试剂材料

仪器:马弗炉。

试剂材料:平板玻璃、玻璃刀。

四、实验步骤

（1）根据玻璃实际尺寸,将玻璃裁出玻璃条,如图 38.1 所示摆放玻璃条及玻璃板。

（2）将平板玻璃放置于马弗炉中升温,780 ℃保温 30 min,升温速度为 10 ℃/min,然后随炉冷却。

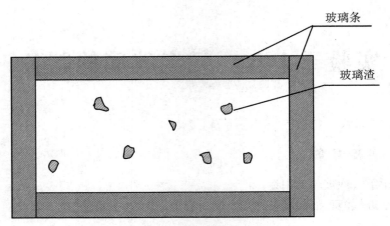

图 38.1　　玻璃摆放模型

五、思考题

(1) 实验温度要升到什么温度范围? 为什么?

(2) 普通玻璃中有气泡怎么办?

实验三十九　泡沫玻璃的制备

一、实验目的

（1）掌握泡沫玻璃的制备方法。
（2）熟悉压片机、烧结炉和球磨机的操作方法及注意事项。
（3）了解泡沫玻璃制备过程中发泡剂、助溶剂和稳泡剂所起的作用。

二、实验原理

泡沫玻璃是一种新型的多孔、保温、隔热型材料，是以废弃玻璃为主要原料、以 $CaCO_3$ 为发泡剂、H_3BO_3 为助溶剂、六偏磷酸钠为稳泡剂，经过阶段性的高温熔化、保温、发泡、冷却等操作制备出的。制备出的样品须进行体积密度、吸水率、气孔率、抗压强度、化学稳定性等性能分析。

三、实验仪器与试剂材料

仪器：ND8-L 可调摆动式行星球磨机、769YP-30T 粉末压片机、微型箱式炉。
试剂材料：玻璃棒、碳酸钙、六偏磷酸钠、硼酸、废玻璃粉。

四、实验步骤

1. 料坯的制备

将废弃玻璃用铁锤砸碎，然后放入电磁制样粉碎机中，粉碎时间为 1 min，然后将粉碎过后的粉末用 150 目的钢筛筛选，选取筛选过后的细玻璃粉末。称量玻璃粉末 80 g，再向其中加入 2% 的发泡剂碳酸钙、1% 的稳泡剂六偏磷酸钠、2.6% 的助溶剂硼酸混合，将混合的物料放入 ND8-L 可调摆动式行星球磨机中运行 10 min，球料比 1∶1，机器转动速率 80～120 r/min，得到充分混合后的物料。再将物料平均分成 10 份，每份放入烧杯中并加入 25% 的水，用玻璃棒充分搅拌使混合物料便于成形，然后将其放入 769YP-30T 粉末压片机的模具中，压片机压制时间为 5 min，压力约为 2.5 MPa。最后将压制好的物料放入微型箱式炉中，按照阶段性升温、保温的方式进行烧结。

2. 烧结过程

第一阶段为预热阶段，该阶段的温度应逐步上升至 400 ℃（速率为 5 ℃/min），并保温 20 min。一方面,由于粉状物料自身的导热性能较小,如果直接入炉升至发泡所需的高温,会使其表面那一层发泡剂过早地氧化分解,玻璃粉也会过早地熔化,使物料内外发泡不均匀,从而直接影响泡沫玻璃的性能;另一方面,进入预热阶段后,保温时间不宜太长、温度不宜太高,否则会使物料表面过早地结成壳,增大后面发泡的难度。

第二阶段为烧结阶段,预热阶段后,以 10 ℃/min 的速率将温度升至 600 ℃,保温 25 min。该阶段的主要目的就是让物料中的玻璃粉在发泡剂未完全氧化分解之前快速融化,使熔化的玻璃尽可能地包裹住发泡剂(所以发泡剂在选取时,发泡剂的氧化分解所需的温度必须高于玻璃粉末的熔化温度,避免玻璃在未完全融化前发泡剂就自行挥发掉,致使泡沫玻璃发泡失败),从而保留更多的气相,但烧结阶段升温速率也不应该太快,太快容易导致烧制成的泡沫玻璃内部出现裂纹,影响泡沫玻璃的抗压强度。

第三阶段为发泡阶段,从 400 ℃ 开始,以 10 ℃/min 的速率升至 600 ℃,保温 30 min,再以 10 ℃/min 的速率升至 830 ℃,保温 40 min。发泡温度如果过高,发泡剂产生的气体也就逐渐变多,但由于玻璃液的包裹,它会使泡沫玻璃的体积逐渐变大,直至气体突破玻璃液的束缚,从而促使泡沫玻璃体积减小。保温时间以 40 min 左右为宜,若发泡时间过短,发泡剂分解不充分,留有杂质;若发泡时间过长,泡沫玻璃内部气泡连成一片,造成发泡不均匀。

第四阶段为稳泡和降温阶段,稳泡阶段是以 20 ℃/min 的速率快速降温至 560 ℃,该阶段使泡沫玻璃快速固化,降温阶段以马弗炉结束程序后正常降温即可,该阶段是为了消除泡沫玻璃内的残余应力,增强其机械强度。

五、数据记录

实验数据记录见表 39.1。

表 39.1　实验数据记录表

原料	废玻璃粉	发泡剂	稳泡剂	助溶剂	其他配合料
重量(g)					
百分比(%)					

六、思考题

(1) 制备泡沫玻璃,除了碳酸钙,还有哪些适合的发泡剂? 发泡原理是什么?

(2) 泡沫玻璃制备过程中,助溶剂的作用是什么? 为什么需要助溶剂?

实验四十　泡沫玻璃的性能表征

一、实验目的

(1) 掌握压力实验机的使用方法。
(2) 掌握体积密度、真密度、气孔率的测量和计算方法。

二、实验原理

在建筑材料中,把材料的质量和体积之比称为密度。在不同构造状态下,密度可分为真密度、表观密度和堆积密度,而表观密度根据其开口孔又可分为体积密度和视密度。

材料在包含实体积、开口和密闭孔隙的状态下单位体积的质量称为材料的体积密度,一般采用排水法测量体积,通过公式计算泡沫玻璃的体积密度和气孔率。

真密度是相对于颗粒群的堆密度而言的,指材料在绝对密实的状态下单位体积的固体物质的实际质量,即去除内部孔隙或者颗粒间的空隙后的密度。真密度是粉体材料最基本的物理参数,也是测定微粉颗粒分布等其他物理性质必须用到的参数。真密度的数值大小决定于材料化学组成及纯度,其值直接影响材料的质量、性能和用途,对其测定有重要意义。真密度的概念已广泛应用于塑料、碳素材料、黑火药等粉体的特征评价中。

气孔率又称孔隙率,是物体的多孔性或致密程度的一种量度,以物体中气孔体积占总体积的百分数表示,用于鉴定陶瓷和耐火材料等制品的烧结程度,测定活性炭等多孔物质的吸附能力,以及衡量泡沫材料等的技术性能。气孔率的大小和温度、气压等有关系,温度越高,气压越大,一般气孔率也越大。气孔率可分为总气孔率、显气孔率和闭口气孔率。

三、实验仪器与试剂材料

仪器:压力实验机、烘箱、电子天平、游标卡尺。
试剂材料:玻璃棒、自来水、烧杯、量筒。

四、实验步骤

1. 体积密度测量

将泡沫玻璃放到 100 ℃ 烘箱中保持 30 min,排出水分,称取样品的质量 M_0,选取干燥、洁净的烧杯 M_1（为了减少实验误差，M_0、M_1 均应称量 3 次取平均值），并用保鲜膜将泡沫玻璃样品完全包裹，封闭气孔，将包裹好的泡沫玻璃放入盛有水的量筒中（提前记录好刻度线），用细铁丝将其下压至刻度线以下，并用胶头滴管将超出刻度线的去离子水转移到之前准备好的烧杯中，称量此时盛有排出水的烧杯的质量 M_2。

体积密度的计算公式为

$$\rho_V = \frac{M_0}{M_2 - M_1} \rho_1$$

式中：

M_0——泡沫玻璃样品的质量，g；

M_1——洁净、干燥烧杯的质量，g；

M_2——烧杯和水的质量，g；

ρ_1——去离子水的密度，g/cm³；

ρ_V——泡沫玻璃的体积密度，g/cm³。

为了确保实验的精确度，每个样品按以上步骤测量 3 次，然后取平均值。

2. 真密度与气孔率检测

本次实验需要通过泡沫玻璃的真密度求出泡沫玻璃气孔率，步骤如下：将泡沫玻璃砸碎为 3～5 mm 的小碎块，将样品放入球磨机中，大小球比为 15∶7，球料比约为 1∶1，转速为 50 Hz/min，旋转 30 min，将磨出来的粉末放入烘箱中烘干。称量干燥、洁净的量筒 M_0（称量 3 次取平均值），将粉末加入量筒中，称取量筒与粉末的质量 M_S，向装有粉末的量筒中加入一定量的去离子水，搅拌使两者充分混合，使混合液保持在最大刻度线处，并标记，静置 10 min 排除气泡，称量此时的总质量 M_{S1}。将量筒中的水和粉末倒掉，然后洗净放入 100 ℃烘箱中保温 5 min，烘干水分后向量筒中加入纯水至之前标记处，称量此时量筒与水的质量 M_1（称量 3 次取平均值）。计算方法如下：

$$\rho_t = \frac{M_S - M_0}{(M_S - M_0) - (M_{S1} - M_S)} \rho_1$$

式中：

M_0——量筒的质量，g；

M_S——量筒与粉末的质量，g；

M_{S1}——量筒与粉末、水的质量，g；

M_1——量筒与水的质量，g；

ρ_1——去离子水的密度，g/cm³；

ρ_t——泡沫玻璃的真密度，g/cm³。

气孔率可用检测出的体积密度、真密度计算得出，计算公式如下：

$$P_q = 1 - \frac{\rho_0}{\rho_t}$$

式中：

ρ_v——泡沫玻璃的体积密度，g/cm^3；

ρ_t——泡沫玻璃的真密度，g/cm^3；

P_q——泡沫玻璃的气孔率，%。

3. 抗压强度测定

抗压强度是指样品在一定的面积上所能够接受的最大应力，具体步骤如下：

（1）将样品打磨成规则的圆柱体；

（2）用电子游标卡尺测量出样品的直径 L（测量 3 次取平均值），根据圆的面积公式计算出将要与机械接触的面积 S；

（3）将样品放到数显式压力实验机中，测量并记录其受到的压力 F，则该样品所受到的压强计算公式为

$$P = \frac{F}{S}$$

式中：

F——样品所受到的压力，N；

S——样品受力的接触面，cm^2；

P——样品所承受的压强，N/cm^2。

五、数据记录

数据记录见表 40.1。

表 40.1　数据记录表

试样编号	体积密度(g/cm^3)	真密度(g/cm^3)	抗压强度(MPa)	气孔率(%)
1				
2				
3				

六、思考题

（1）泡沫玻璃的性能表征，除了抗压强度、体积密度、气孔率之外，还有哪些表征手段？

（2）泡沫玻璃制备过程中，废玻璃粉的粒度对样品有什么影响？

实验四十一　泡沫微晶玻璃的制备与性能研究

一、实验目的

(1) 了解泡沫微晶玻璃的主要性能及应用。

(2) 掌握玻璃温度与黏度、析晶与发泡之间的联系。

(3) 掌握泡沫微晶玻璃的基本性能参数及测试方法。

二、实验原理

泡沫微晶玻璃具有良好的绝缘和吸声性能,机械强度高,抗压、抗折性能强,吸水率低,孔隙率高达52%～92%、比表面积大,化学稳定性高,耐除氢氟酸以外的酸碱腐蚀,耐高温性强,热膨胀系数低,在建筑材料和隔热材料等领域具有广阔的应用前景。

泡沫微晶玻璃的制备方法主要有粉末烧结法、有机浆料浸渍法、溶胶-凝胶法和无机凝胶筑造法等,但是工业固废制备泡沫微晶玻璃最常用的合成方法是粉末烧结法。粉末烧结法通常将原料、发泡剂、助熔剂等均匀混合、压制成形后,经过热处理,使温度达到混合料的软化温度,形成能包裹住气体的液相,同时分布在混合料中的发泡剂析出气相,形成气泡核;随着热处理时间的延长,熔融区黏度下降,气泡核逐渐增大形成气泡,当温度降低后,熔融区黏度骤增,气泡固化在微晶玻璃体内形成气孔,从而得到了多孔结构。

粉末烧结法中发泡温度主要由物料成分的软化点来确定,只有高于物料的软化温度,才能形成液相区包裹住生成的气体。在较高发泡温度和较长发泡时间的条件下,熔融体的黏度降低,气体形成速度快,导致泡沫合并。

热处理制度、气泡产生和晶体生成的改变都会引起熔体黏度的变化,可见熔体的黏度可能是控制发泡过程最重要的因素,因此以黏度范围定义良好的发泡条件,非常具有参考价值。黏度越高,液相越少,不仅会阻碍所产生气体的流出,还会阻碍气孔的生长。以硅酸盐玻璃为原料,黏度为 $10^3 \sim 10^7$ Pa·s 时发泡较为适宜。

三、实验仪器与试剂材料

仪器:游标卡尺、球磨机、马弗炉、切割机、真空烘箱、万能实验机、天平、刚玉坩埚。

试剂材料：PVA、废玻璃粉、$CaCO_3$、固体废弃物。

四、实验步骤

1. 试样的制备

将废玻璃粉、固体废弃物和 $CaCO_3$ 按比例放入球磨机中充分球磨混合。加入质量分数为3%的PVA，烘干后，放入压片机中，压制成直径为40 mm或50 mm的圆柱试样，装入刚玉坩埚中，再放入马弗炉中，加热至1000 ℃，保温30～60 min，高温取出后空冷，即得到泡沫微晶玻璃。

2. 试样测试

（1）将得到的泡沫微晶玻璃进行切割，得到 10 mm×10 mm×10 mm 的块体，放入万能实验机中，测试其抗压强度。

（2）取 10 mm×10 mm×10 mm 的泡沫微晶玻璃，按照显气孔率和闭气孔率的测试方法测定其气孔率。

（3）用导热系数测定仪测定玻璃的导热系数。

五、数据记录与数据处理

1. 数据记录

将实验数据汇总结果记录于表41.1中。

表 41.1　实验数据记录表

试样编号	泡沫微晶玻璃		抗压强度（MPa）	导热系数（mW/K·s）	其他
	吸水率（%）	气孔率（%）			

2. 数据处理

（1）抗压强度数据处理

按照轴心受压的计算公式计算试样的抗压强度：

$$R_c = F/S$$

式中：

R_c——抗压强度；

F——试样破坏时的载荷；

S——承压面积。

（2）吸水率、气孔率及体积密度测量

材料吸水率、气孔率的测定都是基于密度的测定，而密度的测定则基于阿基米德原理。由阿基米德定律可知，浸在液体中的任何物体都要受到浮力（即液体的静压力）的作用，浮力的大小等于该物体排开液体的重量。重量是重力的值，但在使用根据杠杆原理设计制造的天平进行衡量时，对物体重量的测定已归结为对其质量的测定。因此，阿基米德定律可用下式表示：

$$m_1 - m_2 = VD_L$$

式中：

m_1——在空气中称量物体时所得物体的质量，g；

m_2——在液体中称量物体时所得物体的质量，g；

V——物体的体积，mL；

D_L——液体的密度，g/cm³。

材料吸水率、气孔率、体积密度测定表见表 41.2。

表 41.2　材料吸水率、气孔率、体积密度测定表

试样名称		测试者			测定时间			
编号								
干试样质量 M_1								
饱和试样的表观质量 M_2								
饱和试样在空气中的质量 M_3								
吸水率（%）								
显气孔率（%）								
真气孔率（%）								
闭口气孔率（%）								
体积密度（kg/m³）								

吸水率：$W_a = (M_3 - M_1)/M_1 \times 100\%$；

显气孔率：$P_a = (M_3 - M_1)/(M_3 - M_2) \times 100\%$；

体积密度：$D_b = P_a = M_1 \times D_L/(M_3 - M_2) \times 100\%$；

真气孔率：$P_t = (D_t - D_b)/D_t \times 100\%$；

闭口气孔率：$P_c = P_t - P_a$。

式中：

D_L——浸液的密度；

D_t——试样的真密度。

水在常温下的密度见表 41.3。

表 41.3　水在常温下的密度

温度(℃)	密度(g·cm^{-3})	温度(℃)	密度(g·cm^{-3})	温度(℃)	密度(g·cm^{-3})
0	0.99987	16	0.99897	32	0.99505
2	0.99997	18	0.99862	34	0.99440
4	1	20	0.99823	36	0.99371
6	0.99997	22	0.99780	38	0.99299
8	0.99988	24	0.99732	40	0.99224
10	0.99973	26	0.99681	42	0.99147
12	0.99952	28	0.99626	44	0.99066
14	0.999277	30	0.99567	46	0.98982

(3) 导热系数测量

可从导热系数测定仪中直接读出测试数据。

六、思考题

(1) 气孔率与导热系数之间有何联系？

(2) 发泡剂选择的原则有哪些？

实验四十二 风冷钢化玻璃的加工 及性能检测

一、实验任务及目的

（1）选择浮法平板玻璃，进行风冷钢化玻璃的加工及性能检测综合实验。

（2）通过模仿工厂物理钢化玻璃生产工艺过程，自己制作加工出钢化玻璃，对玻璃物理钢化生产工艺全过程有一定掌握、理解。理解钢化原理，探索影响玻璃强度因素，掌握玻璃钢化新技术。

二、玻璃物理钢化的原理

随着科学技术的不断发展，玻璃材料的应用领域不断扩大，尤其在玻璃深加工方面受到人们的重视，玻璃的钢化技术就是其中之一。

玻璃的实际强度比理论强度低很多，根据玻璃的断裂机理，可以通过在玻璃表面造成压应力层的办法使玻璃的强度得到增强。这种通过在玻璃表面形成压应力层来增强玻璃的方法，称为玻璃的钢化。玻璃的钢化通常分为物理钢化和化学钢化两种方法。玻璃经过钢化处理后，强度得到很大程度提高，因此在各个工业领域被广泛地使用，例如，在建筑、火车、汽车、飞机等领域作为挡风玻璃而普遍使用。

将玻璃加热到一定的温度，然后将玻璃迅速冷却，玻璃内便产生很大的永久应力，这个过程也称为玻璃的淬火。通过这样的热处理，在冷却后使玻璃内部具有均匀分布的内应力，从而提高玻璃的强度和热稳定性，这种淬火玻璃又称为钢化玻璃，其强度比退火玻璃高 $4\sim6$ 倍，达 $392\,\mathrm{MPa}(40\,\mathrm{kgf/mm^2})$ 左右，而热稳定性可提高到 $165\sim310\,^{\circ}\mathrm{C}$。

玻璃的物理钢化是通过将玻璃加热到低于软化温度（其黏度值高于 $10\,\mathrm{Pa\cdot s}$）后进行均匀地快速冷却而得。玻璃外部因迅速冷却而固化，而内部冷却较慢。当内部继续收缩时使玻璃表面产生了压应力，而内部为张应力。图 42.1(a) 为钢化玻璃的内应力的分布情况。

当退火玻璃板受荷载弯曲时，玻璃的上表层受到张应力，下表层受到压应力，如图 42.1(b) 所示。玻璃的抗张强度较低，在超过抗张强度时玻璃就会破裂，所以退火玻璃的强度不高。如果将负载加到钢化玻璃上，其应力分布如图 42.1(c) 所示，钢化玻璃表面（上层）的压应力比退火玻璃小，同时在钢化玻璃中最大的张应力不像退火玻璃存在于表面上而移向板中心。由于玻璃的耐压强度比抗张强度几乎要大 10 倍,所以钢化玻璃在相同的负载下并不破裂。此外在钢化过程中玻璃表面上微裂纹受到强烈的压缩,同样也使钢化玻璃的机械强度提高。

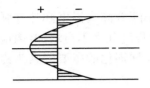 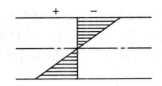 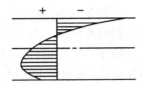

(a) 淬火玻璃内应力分布　　(b) 退火玻璃受力应力分布　　(c) 淬火玻璃受力应力分布

图 42.1　淬火玻璃受力时应力沿厚度分布

图中正号表示张应力,负号表示压应力。

同理,当钢化玻璃骤然经受急冷时,在其外层产生的张应力被玻璃外层原存在的方向相反的压应力所抵偿,能使其热稳定性大大提高。

钢化玻璃的张应力存在于玻璃的内部,当玻璃破裂时,在外层的保护下(虽然保护力并不强),能使玻璃保持在一起或为布满裂缝的集合体,而且钢化玻璃内部存在的是均匀的内应力。根据测定,当内部张应力为 294～313.6 MPa（30～32 kgf/mm²）时,可以产生 0.6 m² 的断裂面,相当于把玻璃粉碎到 10 mm 左右的颗粒。这也就解释了钢化玻璃在炸裂时分裂成小颗粒块状不易伤人的原因。

如前所述,永久应力产生是由应力松弛和温度骤变被冻结下来的结果。加热玻璃的温度愈高,应力松弛的速度也愈快,钢化后产生的应力也愈大,而且玻璃各部分以不同的速度冷却,使玻璃表面的结构具有较小的密度,而内层具有较大的密度。这种结构因素引起各部分的膨胀系数不同,也引起内应力的产生。

把钢化时玻璃开始均匀急冷的温度称为淬火温度或钢化温度 T_2,一般取 $T_2 = T_g + 80\ ℃$（～108.5 Pa·s）。工厂中钢化 6 mm 的平板玻璃时,淬火温度为610～650 ℃,加热时间为 220～300 s,或者以 36～50 s/mm 加热时间予以计算。

巴尔杰涅夫(T. M. Bapreweb)提出,钢化玻璃的强度 $\sigma_{钢}$ 与钢化程度 Δ 有下列关系:

$$\sigma_{钢} = \sigma_0 + \frac{\chi\Delta}{B}$$

式中:

$\sigma_{钢}$——退火玻璃的表面强度,kgf/cm²(1 kgf/cm² = 98 kPa);

B——应力光学常数,2.5×10⁻⁷ cm²/kgf(钠钙硅玻璃);

χ——玻璃表面层与中间层应力的比例系数;

Δ——钢化程度,nm/cm。

从上式可见,钢化玻璃的强度随着钢化程度和 χ 的增大而增强。研究结果表明,钢化玻璃的强度主要取决于其表面的压应力(称为机械因素)大小,但近年来认为,除了这一因素外,由于高温急冷所引起的玻璃表面结构的变化也是影响物理钢化的重要因素之一。

三、影响玻璃物理钢化的因素

当钢化一定厚度的玻璃时,玻璃中产生的内应力大小随着淬火温度和冷却强度的提高而增大。当淬火温度提高到某一值时,应力松弛程度几乎不再增加,内应力就趋于一极限值,此极限值称为钢化程度。影响玻璃物理钢化的主要因素为冷却强度、玻璃的化学组成及厚度等。

1. 冷却强度

玻璃工业中一般钢化玻璃是采用风钢化,用压缩空气通过带有小孔的风棚进行往复振动,每分钟振动的次数一般为 120~150 次,或者进行 50~75 r/min 的旋转运动,使玻璃急速均匀冷却。冷却强度越大,钢化越激烈,冷却强度取决于空气的风压和小孔距玻璃的距离(图 42.2)。

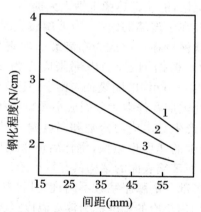

图 42.2　玻璃钢化程度与喷嘴距玻璃间距和风压的关系
1. 风压 20 mmHg 时；2. 风压 10 mmHg 时；
3. 风压 5 mmHg 时；1 mmHg = 133.322 Pa

研究指出,如果钢化 3.5 mm 的薄玻璃时,小孔喷嘴和玻璃之间的距离为 15 mm,空气压力为 25 mmHg(760 mmHg = 1 atm = -101.325 kPa)。在其他条件相同时,喷嘴的直径也会影响玻璃的钢化程度。喷嘴的直径越大,空气接触玻璃的面积也越大,冷却强度随之增强。一般喷嘴小孔的直径采用 3~5 mm,间距为 25~50 mm。风量与流速间的关系可按下式计算:

$$H = NSv$$

式中:

H——风量,m^3/s；

S——喷嘴小孔的截面积,m^2；

v——风速,m/s。

空气压力与喷嘴流速之间的关系如下：

$$p = \xi \frac{\rho}{2g} v^2$$

式中：

ξ——喷嘴出口压力损失系数，$\xi = 1.5$；

ρ——空气密度，g/cm^3；

g——重力加速度，m/s^2。

冷却空气的温度同样对钢化程度有影响，冬天的冷却强度要比夏天大，所以当空气温度变更 30～40 ℃时，钢化程度变更 15%～20%左右。

2. 玻璃的化学组成

玻璃的化学组成对钢化程度有很大影响。从平板玻璃内应力与冷却速度之间的关系知道，钢化程度随着组成不同而变化，它们之间的钢化程度可相差 2 倍左右。

碱土金属氧化物的引入能增加玻璃的钢化程度。$RO \cdot SiO_2$ 中用 20%的 RO 取代 SiO_2 时玻璃的钢化程度约增加 1 倍（图 42.3），但碱土金属处于周期表中的位置越低，则钢化程度增加的倾向也越小。

化学组成差别很大的玻璃不能在一起钢化，如膨胀系数较低的硼硅酸盐玻璃所要求的冷却强度要比普通玻璃钢化时大好几倍。

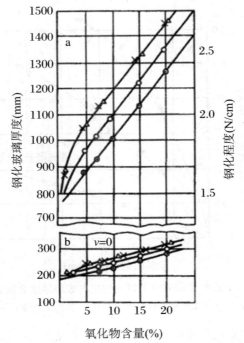

图 42.3　R_2O-RO-SiO_2 玻璃中 RO 含量与钢化程度间的关系

a. 在人工吹风条件下；b. 在自然通风条件下

× MgO；△ CaO；○SrO；●BaO

3. 玻璃的厚度

玻璃急冷时,冷却强度还与玻璃的厚度有关,厚玻璃比薄玻璃更易钢化。因此,玻璃愈厚,钢化程度也愈高。钢化程度与玻璃厚度之间的关系可用下式表示:

$$\Delta = \frac{1}{2}B \cdot 10^7 \frac{\alpha E}{1 - \mu} \cdot T_g \frac{hd}{6 + hd}$$

式中:

Δ——钢化程度,nm/cm;

α——膨胀系数,℃$^{-1}$;

E——弹性模量,kgf/cm^2;

B——应力光学常数,cm^2/kgf;

T_g——玻璃转变温度,℃;

d——玻璃的厚度,cm;

μ——泊松比;

h——相对给热系数,cm^{-1}。

图 42.4 显示了三种不同冷却制度下钢化程度与玻璃厚度之间的关系。一般工厂中,钢化 5.5 mm 的厚玻璃用 6 kPa 的空气压力,6.5 mm 的玻璃用 4.7 kPa 的空气压力,20 mm 的玻璃用 1.3 kPa 的空气压力。

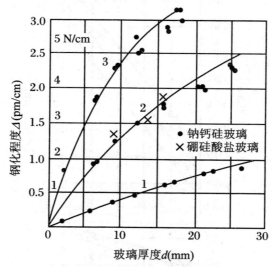

图 42.4　三种冷却制度下钢化程度与玻璃厚度之间的关系

1. $p = 0$; 2. $p = 490$ Pa(50 mmH$_2$O); 3. $p = 6666$ Pa(50 mmHg)

钢化平板玻璃时玻璃厚度与风压之间的关系见图 42.5。为了获得高质量的钢化玻璃,其内应力必须均匀。风栅振动或旋转的速度、喷嘴的大小和排列的方式及风压等都与应力的分布有密切的关系,在生产过程中都应引起重视。

表 42.1 列出了平板玻璃钢化的部分工艺参数。

表 42.1　平板玻璃钢化的部分工艺参数

加热			冷却									
			旋转风栅					梳形风栅				
温度(℃)	1 mm 厚需加热时间(s)	厚度(mm)	喷嘴直径(mm)	喷嘴间距(mm)	旋转速度(r/min)	风栅开度(mm)	空气压力(N/m²)	喷嘴直径(mm)	喷嘴间距(mm)	往复振动速度(次/min)	风栅开度(mm)	空气压力(N/m²)
650±20	40±20	4.5±0.5	4~5	25~50	50~70	110~120	8500±700	3~5	35~50	100	80~90	$10000\left(^{+1000}_{-700}\right)$
		5.5±0.5	4~5	25~50	50~70	110~120	7000±700	3~5	35~50	100	80~90	8500±700
		6.5±0.5	4~5	25~50	50~70	110~120	6000±700	3~5	35~50	100	80~90	7000(−700)

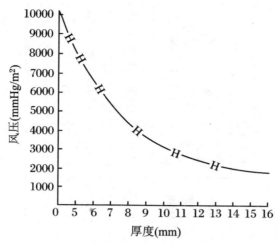

图 42.5 旋转式风栅的风压与玻璃厚度间的关系
1 mmHg = 133.322 Pa

四、风冷平板玻璃的钢化生产工艺

风冷平板玻璃的钢化生产工艺过程包括玻璃的切割、端面的研磨、清洗干燥、装架、自动入炉、加热、自动出炉、风冷、卸架、检验包装等过程。以吊挂式生产工艺为例,其生产流程如图 42.6 所示。

1. 钢化加热炉

钢化玻璃电炉是风冷钢化玻璃的主要设备,对电炉的要求是炉内温度一定要分布均匀,炉温要易控制。电炉的发热材料一般选用镍-铬或铁-铬材料作为发热体,而且根据炉型结构不同,发热体在炉内一定要合理地分配。电炉一般采用三相供电,发热体的接线可采用星形连接或三角形连接。

在电炉的结构设计中,要考虑破碎玻璃的清除方便因素,否则破碎玻璃不易清除会影响生产。加热炉的炉门应能自动关闭,并保证一定的关闭速度,否则会影响玻璃的钢化效果。

目前国外采用红外辐射加热元件(内部装有加热丝的陶瓷板或石英玻璃板),可提高热效率 2～3 倍,且加热温度区波动范围小,加热均匀。加热炉的温度控制应采用可控硅温度控制装置,炉温波动一般要求控制在 ±5℃ 以内,最好采用计算机对钢化加热炉加以控制,保证炉温的稳定性,以减小炉温波动范围,提高玻璃的钢化质量。

2. 冷却风栅

风栅在玻璃风冷钢化过程中的作用是均匀急速地冷却在电炉中加热后的玻璃,以提高玻璃的强度。

为达到均匀、急速冷却玻璃的目的,风栅应安装在加热炉的附近,其距离一般

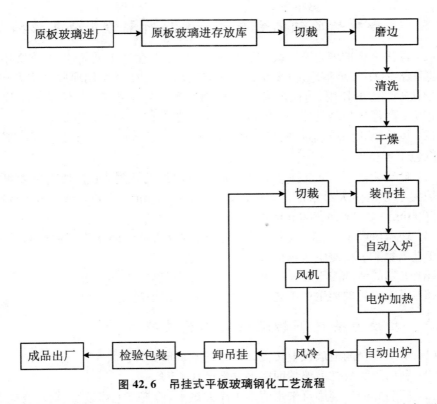

图 42.6　吊挂式平板玻璃钢化工艺流程

为 450～500 mm,同时应使风栅中心线与电炉的中心线相吻合。对于冷却风栅的运动形式,一般分为往复式运动和圆周式运动,圆周式优于往复式。一般要求每个吹风嘴吹出的气流,到达玻璃表面的长度等于两相邻吹风嘴距离的一半。往复式横向或纵向运动的空气流股到达玻璃表面时,冷却得不够均匀,虽然也能使碎片达到质量标准要求,但因应力不均匀,容易出现不合格的个别大块碎片。对于圆周式风栅来说,空气流股的圆周运动轨迹互相交叉、彼此覆盖,在任意一两个风嘴间距内,都有 1～3 次机会被流股中心的强风吹过,因此应力更为均匀,得到的碎片非常理想。

　　冷却风栅按结构形式的不同,可分为整体式(箱式)风栅和分部式风栅两种。整体式风栅是空气进风箱后直接把空气均匀分配到各风孔,并使各风孔或风嘴的出口风压差最小。此种风栅风压分布比较均匀,其缺点是玻璃板面各处温度分布不均,导致应力分布不均,四周应力大,中心部分应力薄弱。分部式冷却风栅是由若干片状小风箱组合而成的,每片风箱间的排气缝隙为 4～11 mm,每片风箱与玻璃相对面开有许多小孔或装有喷嘴,这种风栅在国内外大型钢化玻璃厂中得到广泛应用,其缺点是风栅上部风压较高,下部风压偏低,箱内上、下风压差一般为294～490 Pa,据资料介绍,对玻璃钢化时应力分布无明显影响。总之,无论哪种形式的风栅,只要在风栅结构性能上达到足够的冷却强度,都是可以选用的。

五、风冷玻璃的钢化生产工艺实验所需的其他基础知识

(1) 浮法平板玻璃生产有关方面的资料文献:① 生产工艺简述(要求文字叙述与方框图表述);② 玻璃组成(要求设计表格列出);③ 生产所用原料及配方;④ 各氧化物在玻璃中的作用(简述);⑤ 浮法玻璃生产工艺参数;⑥ 浮法玻璃主要理化性能指标;⑦ 浮法玻璃的用途(简述);⑧ 浮法玻璃生产技术展望(简述)。

(2) 风冷钢化用玻璃选择:可选择 2 mm、3 mm、5 mm、8 mm 无色浮法平板玻璃或颜色平板玻璃。

(3) 玻璃切割:① 可选择玻璃刀划痕法或切割机切割法;② 切割尺寸可根据钢化炉大小和风栅大小来确定,建议尺寸如下:150 mm×150 mm、100 mm×100 mm、200 mm×200 mm、600 mm×100 mm。

(4) 玻璃研磨工艺:① 确定研磨方法及设备(机械研磨或手工研磨);② 确定研磨工艺及磨料;③ 测定研磨后尺寸。

(5) 玻璃的清洗与干燥:① 确定清洗方法;② 确定干燥方法。

(6) 风冷钢化玻璃生产工艺要求用文字及方框图简述。

六、实验室条件下物理钢化工艺过程

(1) 从所选择的玻璃板上按设计尺寸切割玻璃 3 块。

(2) 利用研磨机把玻璃端面磨平并倒磨成 45°角。

(3) 把磨好的玻璃用自来水清洗干净并烘干,检查有无炸裂纹、划伤及应力。

(4) 对钢化炉进行升温,使炉温达到钢化所需温度并在此温度下保持 10 min。

(5) 将备好的玻璃挂在试样架上,把试样架送入炉内并记录加热时间。

(6) 当保温时间到后迅速由炉内取出试样架,并同时开动风机,让玻璃迅速吹风冷却并记录冷却时间以及风机上的有关参数。

(7) 从试样架上卸下玻璃,在应力仪下观测玻璃钢化后的应力情况。

(8) 钢化玻璃性能检测(简述方法原理及操作程序):① 钢化前后玻璃强度测定(钢球冲击实验法);② 钢化前后玻璃密度测定(方法自选确定);③ 钢化后玻璃透光率测定(分光光度计法);④ 钢化前后玻璃应力检测(偏振光法);⑤ 玻璃软化变形温度实验(方法自选确定)。

七、实验结果与讨论

(1) 要求结合实验工艺过程,对钢化质量及影响因素做出评价和分析。

(2) 结合所学专业知识,参考有关文献资料,对实验全过程进行总结并写出实验论文报告。

八、思考题

(1) 分析玻璃钢化前和钢化后密度有何变化? 为什么?

（2）钢化过程中应注意哪些问题？

（3）分析风压、风速、风量大小对钢化质量的影响。

（4）分析风嘴到玻璃之间的距离对钢化质量的影响。

（5）分析玻璃表面微裂纹对钢化质量的影响。

（6）一般玻璃经过钢化后为什么强度会提高？

（7）分析钢化强度对玻璃质量的影响。

（8）试设计一种新型的风栅结构并画出草图。

实验四十三　化学钢化玻璃及性能测试

一、实验目的

（1）了解化学钢化玻璃的原理、分类及应用。

（2）掌握化学钢化玻璃的方法。

二、实验原理

将平板玻璃或其他玻璃制品经过物理的或化学的方法处理，使玻璃表面层产生均匀分布的永久应力，从而获得高强度和高热稳定性的玻璃深加工方法称为玻璃的钢化。钢化有两种方法：一种是物理钢化法，又称热钢化法或淬火；另一种是化学钢化法，化学钢化是通过改变玻璃表面的组成来提高玻璃的强度，目前所用的方法主要有表面脱碱、涂覆热膨胀系数小的玻璃、碱金属离子交换法。一般所称的化学钢化是指离子交换的增强处理方法。碱金属离子交换有低温型离子交换法和高温型离子交换法两种方法。

1. 低温型离子交换法

在不高于玻璃的转变温度范围内，将玻璃浸在含有比玻璃中碱金属半径大的碱金属熔盐中，用离子半径较大的碱金属阳离子去交换玻璃表面离子半径较小的碱金属阳离子，从而使玻璃表面形成含有较大容积碱离子的表面层。由于玻璃结构的质点容积大，冷却至室温时收缩小；而玻璃内部结构的质点容积小，冷却时收缩大，从而在玻璃表面产生压应力。例如，用 Li^+ 置换 Na^+，或用 Na^+ 置换 K^+，然后冷却。

根据定量的研究结果，认为大离子浸入所产生的压应力与浸入的离子数量成正比。低温型离子交换虽然比高温型离子交换速度慢，但由于钢化过程中玻璃不变形而具有实用价值。

2. 高温型离子交换法

高温型离子交换法指交换温度在玻璃转变温度 T_g 以上的高温下进行的离子交换。这种离子交换改变了玻璃表面的组成结构，在玻璃表面形成一层热膨胀系数小的物质。由于玻璃在转变温度以上时内部和表面的应力得到了松弛，成为无应力状态。但当冷却至室温时，玻璃表面由于存在热膨胀系数小的物质而收缩小，而玻璃内部因热膨胀系数大而收缩大，从而在玻璃表面产生压应力，内部产生张应力,使玻璃得到了强化。

高温型离子交换法具有代表性的是含有 Na_2O 或 K_2O 的玻璃在 $T_g \sim T_f$ 范围内,使其与锂盐接触,发生离子交换。此交换过程在玻璃表面形成含 Li^+ 的表面层,因 Li^+ 表面层的热膨胀系数小,而内部 Na^+ 或 K^+ 玻璃组成热膨胀系数大,从而使玻璃强度得到了增强。同时,玻璃中如含有 Al_2O_3、TiO_2 等成分时,通过离子交换,能产生热膨胀系数极低的 β-锂霞石($Li_2O \cdot SiO_2$)结晶,冷却后的玻璃表面将产生很大的压应力,可得到强度高达 700 MPa 的玻璃。

化学钢化玻璃表面层有很强的压应力,且压应力层厚度较薄,而与其相平衡的内部张应力却很小,因此化学钢化的玻璃当内部张应力层破坏时,不像物理钢化玻璃那样碎成小片。化学钢化特别是低温型离子交换,没有像物理钢化那样的软化变形(翘曲)的缺点,适合于薄平板玻璃以及厚度不同、形状复杂的玻璃制品的增强。但通常钠-钙硅酸盐玻璃化学钢化产品产生的压应力层薄,强度也受到影响。

物理钢化法生产效率高,成本较低,能生产大规格产品,但对厚度薄、尺寸小、形状复杂的玻璃制品却不适合。化学钢化法则反之,虽生产效率较低,成本较高,然而对小件、薄壁、异型的玻璃制品却是理想的钢化方法。

三、实验仪器与试剂材料

仪器:马弗炉、刚玉方舟。

试剂材料:硝酸钾固体、锡酸钾固体、普通玻璃片、柠檬酸、去离子水。

四、实验步骤

(1) 称量 100 g 硝酸钾固体、0.8 g 锡酸钾固体于刚玉方舟中,置于马弗炉中升温至 400 ℃ 使其融化成熔融液体,并搅拌均匀。

(2) 将普通玻璃放入预热炉中预热至 380 ℃,浸入熔融液体中于 450 ℃ 下进行离子交换反应 3 h,随后提升至退温炉中冷却至室温。

(3) 将得到的玻璃浸入质量浓度为 15% 的柠檬酸溶液中,20 min 后取出,洗净即可。

五、材料的表征

(1) 测试钢化玻璃电子探针线扫元素分布。

(2) 测试钢化玻璃的抗冲击强度。

六、思考题

(1) 化学钢化玻璃强度受什么因素影响?

(2) 本实验是用什么离子替换硅酸盐玻璃中的什么离子达到化学钢化的目的?

(3) 化学钢化后为何要退火?

实验四十四　钢化玻璃的抗冲击性能测试

一、实验目的

(1) 要求掌握钢化玻璃的抗冲击性能测试方法。

(2) 认识钢化玻璃抗冲击性能对确定玻璃钢化加工工艺所具有的意义。

二、实验原理

玻璃是由二氧化硅和其他化学物质熔融在一起形成的混合物,具有良好的力学性能,目前已经广泛应用到建筑、机械等领域。虽然玻璃优良的性能受到社会各界的喜爱,但在应用上依然存在很多问题。玻璃是一种脆性材料,且其强度不足以满足现如今各个领域的需求,但由于其自身拥有的优良性能,促使各个领域对其性能进行不断改良,由此衍生出众多玻璃品种。目前,钢化玻璃提升了玻璃本身的强度特性,满足了众多行业的需求,且钢化玻璃是一种安全玻璃,其在碎裂后不会产生具有锋利锐角的较大碎块,不具有危害性,因此广受人们喜爱。

普通玻璃的钢化方式目前主要有物理钢化和化学钢化两种。化学钢化的方式通常成本较高,产量较低,生产周期较长,寿命较短,因此现在生产中大多使用的都是物理钢化的方法,即通过加热—淬冷或其他方法的处理,使玻璃自身平面上产生残余应力。钢化玻璃被广泛应用于建筑和汽车等行业,其强度较普通玻璃更高,具有更耐热的特性,且安全性高。对钢化玻璃的力学特性进行研究十分有必要,这对于钢化玻璃的普及有着重大意义。

本实验采用落球法测定钢化玻璃的抗冲击性能,落球实验架(图 44.1)包括能使钢球从规定高度自由下落的装置或能使钢球产生相当于自由落下的投球装置以及试样支架。支架示意图如图 44.2 所示,由两个经过机械加工的钢框组成,周边宽度为 15 mm,在两个钢框接触面上分别衬以厚度为 3 mm、宽度为 15 mm、硬度为邵尔 A50 的橡胶垫,下钢框安放在高度约为 150 mm 的钢箱上,试样放在上钢框上面。支撑钢箱被焊在厚 12 mm 的钢板上,钢箱与地面之间衬以厚度为 3 mm、硬度为邵尔 A50 的橡胶垫。

实验落球使用直径为 63.5 mm(质量约为 1040 g)、表面光滑的钢球,放在距离试样表面不同高度处,使其自由落下。

图 44.1　落球实验架

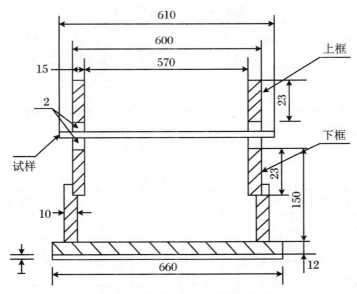

图 44.2　落球冲击实验支架示意图

三、实验仪器与试剂材料

仪器:落球实验架、钢球。

试剂材料:钢化玻璃。

四、实验步骤

1. 准备试样

准备与待检测制品同厚度、同种类的,且与制品在同一工艺条件下制造的尺寸为 610 mm×610 mm 的钢化玻璃的合格品若干块。使冲击面保持水平,即保持实验台的平整。

为了保证在落球实验过程中,冲击点在距试样中心 25 mm 的范围内,在玻璃中心附近用黑笔绘出方格图,以确定冲击点是否满足实验要求。

2. 测试过程

把直径为 63.5 mm(质量约为 1040 g)、表面光滑的钢球放在距离试样表面 1000 mm 的高度,使其自由落下。冲击点应在距试样中心 25 mm 的范围内。

对每块试样每冲击 1 次,都观察其是否遭到破坏。实验在常温下进行。

五、数据记录与测试报告

1. 数据记录

落球冲击的次数和破碎情况见表 44.1。

表 44.1　实验数据记录表

	第 1 次破	第 1 次不破 第 2 次破	第 2 次不破 第 3 次破	第 3 次不破 第 4 次破	第 4 次不破 第 5 次破
破碎数(片)					
总数(片)					

2. 测试报告

测试报告见表 44.2。

表 44.2　测试报告

序号	试样加热时间(min)	试样加热温度(℃)	落球 1 次破碎样品数(片)
1			
2			
3			

六、思考题

(1) 钢化玻璃的抗冲击性能受哪些因素的影响?

(2) 测试中影响本实验测试结果的因素有哪些? 如何克服?

(3) 钢化玻璃抗冲击性能的测试对生产有何指导意义?

实验四十五　钢化玻璃性能检测

一、实验目的

(1) 掌握钢化玻璃性能检测的方法和技术指标。
(2) 认识钢化玻璃性能检测对钢化玻璃加工工艺所具有的意义。

二、实验原理

　　钢化玻璃是平板玻璃的二次加工产品,钢化玻璃的加工可分为物理钢化法和化学钢化法。物理钢化玻璃又称为淬火钢化玻璃。它是将普通平板玻璃在加热炉中加热到接近玻璃的软化温度(600 ℃)时,通过自身的形变消除内部应力,然后将玻璃移出加热炉,再用多头喷嘴将高压冷空气吹向玻璃的两面,使其迅速且均匀地冷却至室温,即可制得钢化玻璃。这种玻璃处于内部受拉而外部受压的应力状态,一旦局部发生破损,便会发生应力释放,玻璃被破碎成无数小块,这些小的碎片没有尖锐棱角,不易伤人。当玻璃受到外力作用时,这个压力层可将部分拉应力抵消,避免玻璃的碎裂,虽然钢化玻璃内部处于较大的拉应力状态,但玻璃的内部无缺陷存在,不会造成破坏,从而达到提高玻璃强度的目的。众所周知,材料表面的微裂纹是导致材料破裂的主要原因,因为微裂纹在张力的作用下会逐渐扩展,最后沿裂纹开裂。而玻璃经钢化后,由于表面存在较大的压应力,可使玻璃表面的微裂纹在挤压作用下变得更加细微,甚至"愈合"。

　　不论是上述哪个影响因素都与玻璃的加热和冷却条件密切相关。当玻璃均匀加热到钢化温度后骤然冷却时,由于内外层降温速度的不同,表层急剧冷却收缩,而内层降温收缩迟缓。结果内层因被压缩受压应力,表层受张应力。随着玻璃的继续冷却,表层已经硬化停止收缩,而内层仍在降温收缩,直至到达室温。这样表层因受内层的压缩形成压应力,内层则形成张应力,并被永久地保留在钢化玻璃中。由于玻璃是抗压强而抗拉弱的脆性材料,当超过抗张强度时玻璃即行破碎,所以内应力的大小及其分布形式是影响玻璃强度及炸裂的主要原因。另一种情况是玻璃在可塑状态下冷却时,不论是加热不均,还是冷却不均,只要在同一块玻璃上有温差,就会有不同的收缩量。在降至室温时,温度越高的地方降温越多,收缩量越大,玻璃也就越短;相反,温度越低的地方降温少,收缩量也小,玻璃也就长。

三、实验仪器与试剂材料

仪器:表面应力仪、烘箱、小锤。

试剂材料:玻璃棒、自来水、透明胶带、折射率油。

四、实验步骤

1. 钢化玻璃碎片实验步骤

(1) 将钢化玻璃试样自由平放在实验台上,并用透明胶带纸或其他方式约束玻璃周边,以防止玻璃碎片溅开。

(2) 在试样的最长边中心线上距离周边 20 mm 左右的位置,用尖端曲率半径为 (0.2 ± 0.05) mm 的小锤或冲头进行冲击,使试样破碎。

(3) 保留碎片图案的措施应在冲击后 10 s 后开始并且在冲击后 3 min 内结束。

(4) 碎片计数时,应除去距离冲击点半径 80 mm 以及距玻璃边缘或钻孔边缘 25 mm 范围内的部分。从图案中选择碎片最大的部分,在这部分用 50 mm × 50 mm 的计数框计算框内的碎片数,每个碎片内不能有贯穿的裂纹存在,横跨计数框边缘的碎片按 1/2 个碎片计算。

2. 钢化玻璃表面应力测量实验步骤

(1) 以制品为试样,按 GB/T 18144 规定的方法进行。

(2) 测量点的确定:如图 45.1 所示,在距长边 100 mm 的距离上,引平行于长边的 2 条平行线,并与对角线相交于 4 点,这 4 点以及制品的几何中心点即为测量点。

单位为mm

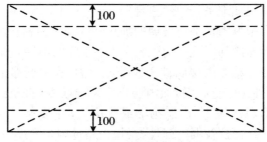

图 45.1 测量点示意图

若制品短边长度不足 300 mm 时,如图 45.2 所示,则在距短边 100 mm 的距离引平行于短边的两条平行线与中心线相交于 2 点,这 2 点以及制品的几何中心点即为测量点。

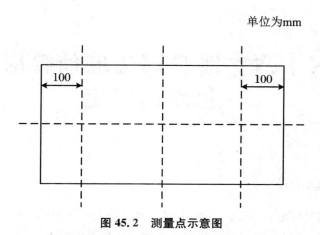

单位为mm

图 45.2　测量点示意图

3. 耐热冲击性能实验步骤

将 300 mm×300 mm 的钢化玻璃试样置于(200±2)℃的烘箱中,保温 4 h 以上,取出后立即将试样垂直浸入 0 ℃的冰水混合物中,应保证试样高度的 1/3 以上能浸入水中,5 min 后观察玻璃是否破坏。玻璃表面和边部的鱼鳞状剥离不应视作破坏。

五、数据记录

实验数据记录见表 45.1。

表 45.1　实验数据记录表

玻璃品种	公称厚度(mm)	碎片数(片)	表面应力(MPa)
平面钢化玻璃			
曲面钢化玻璃			

六、思考题

(1) 测试中影响本实验测试结果的因素有哪些? 如何克服?

(2) 钢化玻璃性能检测对生产有何指导意义?

实验四十六 镀膜钢化玻璃膜层厚度、色差的测定

一、实验目的

(1) 了解物体颜色的测量方法，了解薄膜色差产生的原因。

(2) 掌握采用色差计测量镀膜钢化玻璃膜层色差的技术。

二、实验原理

随着工业、国防、科技的发展，特别是激光技术的迅速发展，光学薄膜的应用范围愈来愈广泛，薄膜种类愈来愈多，目前已能提供90多种元素、氧化物、氟化物、硫化物、碲化物、硒化物以及合金和混合物涂层材料。薄膜光学已成为现代光学的一个重要分支。根据玻璃表面光学薄膜的用途可将其分为反射膜、增透膜（减反射膜）、滤光膜、分光膜等。光学薄膜在增加或减少反射（透射）、彩色的合成与还原、调整光束的偏振态和改变光束的相位状态等方面发挥着重要作用，简而言之，在光学系统中的几乎所有方面都发挥着重要作用。

在颜色玻璃的生产和实际应用中，常用各种光度计来测试玻璃的光谱曲线（如透光曲线、光密度曲线等），以表示玻璃的光谱特性和颜色。然而，光谱曲线只是表示不同波长和透过（或吸收）的函数关系，不能全面反映颜色的特性，因为物体的颜色与照射的光源和人眼对颜色的敏感程度密切相关。

为了准确地描述和表示物体的颜色，产生了一门新兴科学——色度学。色度学是研究人的颜色视觉规律、颜色测量的理论与技术的科学。在这门科学里，物体的颜色一般用色调、色彩度和明度这三种尺度来表示。

色调表示红、黄、绿、蓝、紫等颜色特性。色彩度是用等明度无彩点的视知觉特性来表示物体表面颜色的浓淡，并给予分度。明度表示物体表面相对明暗的特性，是在相同的照明条件下，以白板为基准，对物体表面的视知觉特性给予的分度。此外，还可用色差来表示物体颜色知觉的定量差异。

颜色测量方法一般分为光谱光度测色法和刺激值直读法两大类。

1. 光谱光度测色法

光谱光度测色法用光谱光度计（带积分球的分光光度计）进行测定，测量的波长范围一般为380～780 nm，最小测量范围为400～700 nm。试样测量结果是单色

光与透过率或反射率的对应数据,需按公式经复杂的计算才能得出三刺激值和色品坐标。

2.刺激值直读法

刺激值直读法用光电类测色仪器进行测定,这类仪器利用具有特定光谱灵敏度的光电积分元件,能直接测量物体的三刺激值或色品坐标,因而称之为光电积分仪器。光电积分仪器包括光电色度计和色差计等。

(1)光电色度计

光电色度计是一种测量光源色和由仪器外部照明的物体色的光电积分测色仪器,用光电池、光电管或光电倍增管做探测器,每台仪器用3个或4个探测器将光信号转变为电信号进行输出,得出待测色的三刺激值或色品坐标。

(2)色差计

色差计是利用仪器内部的标准光源照明来测量透射色或反射色的光电积分测色仪器,一般由照明光源、探测器、放大调节、仪表读数或数字显示、数据运算处理等部分组成。通常用3个探测器将光信号转变为电信号进行输出,得出待测色的三刺激值或色品坐标,还可以通过模拟计算电路或连机的电子计算机给出两个物体色的色差值。因此,这是一种操作简便的实用测色仪器。

本实验基于海控三鑫(蚌埠)新能源材料有限公司的镀膜钢化玻璃开展,借鉴该公司《镀膜钢化玻璃膜层厚度、色差检验作业指导书》测定制备的镀膜钢化玻璃膜层的厚度及色差。

三、实验仪器与试剂材料

仪器:膜厚色差仪。

试剂材料:镀膜钢化玻璃。

四、实验步骤

1.膜层厚度测量

(1)将样片放在检测台上。

(2)打开膜厚检测仪,将开机键推向"|"。校准(零点、白板),每次开机都需重新校准,选择 COND2→选择 CALIBRATION。

(3)零点校准,拨向"ZERO",将仪器对向空气(保证在样品1 m范围内没有反射物体),按下测量键,待自动测量3次后,即完成零点校准。

(4)白板校准,拨向"WHITE",取下黑色护,将仪器轻放在底座上,按下测量键,待自动测量3次后,即完成白板校准。完成校准后,将测试仪拨向测量膜层厚度一挡,开始测量。

(5)膜厚测量完成后,拨动按钮,找到最大值记下。一块玻璃测量9个点,取平均值。

膜层厚度测量取点示意图如图 46.1 所示。

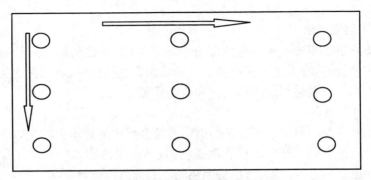

图 46.1　膜层厚度测量取点示意图

2. 膜层色差测量

（1）膜层色差开机、校准与测量膜厚的操作方法一致。

（2）设定目标色，拨向"PREV"，返回上级菜单，拨向"TARGET"，设定目标色，每次测板都需重新设定目标色。

（3）拨向◀▶，按下后变为▼▲，左右拨至左上角出现"T－－－"后，将仪器放在玻璃中间，按下测量键，测完后拨向▼▲，按下后变为◀▶，此数据即为目标色。

（4）选定目标色后，拨向"BREAK"，回到测量界面。

（5）将试样平放在检测台上，将仪器平放在玻璃上，按下测量键进行测量。

（6）每块玻璃测量 4 个点（除去中间的基准点），以中心点为基准，进行其余 4 点与该点反射色的比较测量，4 个点的差值与基准点相比较最大的即为该片玻璃的色差值，记录色差值。

膜层色差测量取点示意图如图 46.2 所示。

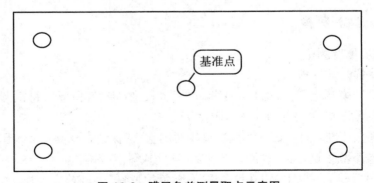

图 46.2　膜层色差测量取点示意图

五、数据记录与数据处理

按照实验步骤中的要求记录实验数据。

六、思考题

（1）可以用分光光度计测量物体的色度吗？为什么？

（2）测量色差有两种方法，其各自的特点是什么？有何实用意义？

（3）本实验测量色度所用仪器的几何光学条件是什么？

实验四十七　镀膜钢化玻璃附着力的测定

一、实验目的

(1) 理解镀膜钢化玻璃薄膜附着力的含义和机理。

(2) 掌握镀膜钢化玻璃附着力的测定方法。

二、实验原理

本实验基于海控三鑫(蚌埠)新能源材料有限公司的镀膜钢化玻璃开展,对海控三鑫(蚌埠)新能源材料有限公司制备的镀膜钢化玻璃进行检测。

薄膜附着力指的是薄膜对衬底的黏着能力的大小,即薄膜与衬底材料在化学键合力或物理咬合力作用下的结合强度,其中包含着两个物理概念:将薄膜从衬底上脱离所用的外力和上述过程中所需要的能量。薄膜的附着力与表面能有关,计算公式如下:

$$W = \gamma_f + \gamma_\delta - \gamma_{f-\delta}$$

式中,γ_f、γ_δ、$\gamma_{f-\delta}$分别是薄膜、衬底的表面能以及薄膜与衬底之间的界面能。薄膜、衬底的表面能越高,薄膜与衬底间的界面能越低,则薄膜的附着力就越高。

薄膜之所以能附着在基体表面上,是范德瓦尔力扩散附着、机械咬合、静电引力等综合的作用。一些薄膜材料与基体形成化合物,这时化学键就是主要的结合力。

范德瓦尔力是在薄膜原子和基体原子之间普遍存在着的一种力,范德瓦尔力又分为定向力、诱导力、色散力。前两种力来源于永久偶极矩,而色散力则是由电子在围绕原子核的运动中出现的瞬时偶极矩而产生的。极性材料中定向力和诱导力的作用较强,但是大部分材料只有色散力。由于范德瓦尔力产生的是单纯的物理附着,因而在薄膜附着中一般都较小,其附着能的范围为 0.04~0.40 eV。

扩散附着是在薄膜和基体之间通过基体加热、离子注入、离子轰击等方法实现原子的互扩散,形成一个渐变界面,使薄膜与基体的接触面积明显增加,因而附着力也就增加了。机械咬合则是一种宏观的作用。基体的表面总有些微观的凹凸,有时还有微孔或微裂缝,在淀积薄膜时,部分原子进入凹凸之中或微孔、微裂缝中,其效果如同薄膜往基体内钉入了钉子一样,因而也增加了附着力。由于大多数使用薄膜的元件与器件中薄膜的厚度都很薄,要求基体平整。在实际生产中都力求避免基体有微孔或微裂缝,只有表面不可避免的微观凹凸才起着机械咬合的作用。

薄膜与基体的电荷转移也是增加附着力的原因之一,两种功函数不同的材料互相接触时,它们之间会发生电子转移,在界面两边聚集起电荷,形成所谓双电层。双电层的静电吸引能可用下式表示:

$$E = \frac{\sigma^2}{2\varepsilon_0}$$

式中:

σ——单位面积上的电荷量;

ε_0——真空电容率。

由于 σ 受界面态及薄膜与基体面结构的影响很大,难以确定,所以要确切计算双电层引力的数值也很困难。在一般情况下,静电吸引为 $10^4 \sim 10^8$ N/m^2,不可忽略。

化学键力是指在薄膜和基体形成化学键后的结合力,产生化学键的原因是有的价电子发生了转移,不再为原来的原子所独有。化学键力是一种短程力,其值通常远大于范德瓦尔力,一般为 $0.4 \sim 10.0$ eV,它并不是普遍存在的,只有薄膜与基体界面产生化学键,形成化合物,才表现出来。

三、实验仪器与试剂材料

仪器:3M 胶带、软毛刷、划格器、适用刀片、目视放大镜(10 倍)。

试剂材料:镀膜钢化玻璃。

四、实验步骤

(1) 将取好的镀膜钢化玻璃样片放置在检测台上。

(2) 样片放好后,握住切刀具,使刀垂直于样板表面,均匀施力,以平稳的手法划出平行的 6 条切割线,再于原先的切割线成 90° 角垂直交叉划出平行的 6 条切割线,形成网格图形。注意:所有的切口均需穿透玻璃的表面。

(3) 用软毛刷轻轻刷一下后在玻璃板上施加胶带,除去胶带的最前端,然后剪下长约 75 mm 的胶带,将其中心点放在网格上方压平,胶带长度至少超出网格 20 mm,并确保其与膜层完全接触。

(4) 在贴上胶带 5 min 内,拿住胶带悬空的一端,并以与样板表面尽可能成 60° 的角度,在 0.5 ~ 1.0 s 内平稳地将胶带撕离。

(5) 使用目视放大镜观察膜面脱落现象。

五、数据记录与数据处理

记录薄膜脱落现象。

六、思考题

(1) 如何增加薄膜与基体附着力?

(2) 薄膜附着力的测试方法有哪些?

实验四十八　多孔玻璃的制备及性能测试

一、实验目的

(1) 了解多孔玻璃的概念、应用意义。
(2) 掌握多孔玻璃的制备方法。
(3) 掌握多孔玻璃的性能检测方法。

二、实验原理

多孔玻璃是一种传统的无机多孔材料,拥有多孔以及纳米尺寸可控两大优点,因此作为良好的载体广泛地应用于生物制药、催化化学以及医疗诊断等领域。除此之外,多孔玻璃还具有透光率高、热稳定性强、机械强度高、耐腐蚀、制备工艺简单、对环境的污染小等优点。多孔玻璃是以一定成分的玻璃为母体玻璃,通过热处理、酸处理而得到的一种具有相互贯通孔结构的无机材料。能够在一定温度范围内分相成不混溶的相互连通的两相的玻璃体系,均可作为多孔玻璃的母体玻璃。

多孔玻璃具有较强的可加工性,最为常见的制备方法是熔融分相法和溶胶-凝胶法。由于溶胶-凝胶合成工艺控制的难度较大,该方法受到一定的限制。熔融分相法相比之下更为简单,其原理是先获得一定组成的母体玻璃 $Na_2O\text{-}B_2O_3\text{-}SiO_2$,在玻璃转变温度和软化温度之间进行分相处理,分相时间在几小时到几天不等,分相后可获得富硼相和富硅相,通过水、酸液或碱液浸析出富硼相,余下的 SiO_2 连通骨架即为多孔玻璃。

三、实验仪器与试剂材料

仪器:管式炉、烘箱、水浴锅、接触角测量仪、扫描电镜、透光率测试仪。
试剂材料:硅酸盐玻璃片、无水乙醇、丙酮、$Na_2B_4O_7$、去离子水、pH 试纸。

四、实验步骤

1. 分相处理

将清洗干净的玻璃片,置于管式炉中,空气气氛下,在 640 ℃保温 1 h,升温速度为 5～6 ℃/min,最后自然冷却。将分相处理后的玻璃先后用无水乙醇和丙酮进行超声清洗 15 min,再用去离子水冲洗干净后用 N_2 吹干。

2. 酸浸析处理

玻璃用 1.0% HF 酸处理 1 min，然后用去离子水清洗至 pH＝7，在 80 ℃烘箱中干燥 30 min，之后进行盐酸处理。在溶度为 1.0 mol/L 的盐酸中，加入饱和的 $Na_2B_4O_7$ 作为缓冲剂，将玻璃浸泡在盐酸中，水浴 95 ℃加热刻蚀 6 h。酸刻蚀后所得的多孔玻璃片用 95 ℃去离子水和乙醇溶液反复超声清洗至中性，最后在 80 ℃恒温箱中干燥 2 h。

五、材料的表征

(1) 对多孔玻璃的接触角进行分析。

(2) 对多孔玻璃的形貌进行 SEM 分析。

(3) 对多孔玻璃的透光率进行分析。

六、思考题

(1) 为什么玻璃在进行盐酸酸浸析前要用 HF 先处理？

(2) 为什么在盐酸中加入饱和的 $Na_2B_4O_7$ 作为缓冲剂？

实验四十九　空心玻璃微珠的制备

一、实验目的

(1) 了解空心玻璃微珠的概念、应用领域。

(2) 掌握空心玻璃微珠的制备方法。

二、实验原理

空心玻璃微珠(Hollow Glass Microsphere, HGM)是一种具有多尺度纳米/微米中空腔体、外形呈球形或椭球形、直径在 $10\sim300\ \mu m$ 之间的新型多功能球形粉体材料,图 49.1 为空心玻璃微珠结构示意图。其独特的中空球形结构具有轻质、高强、低导热系数、隔音和热稳定性良好等性能,无论是作为轻质填料制备复合材料,还是单独作为特殊功能材料,在航空航天、深海探测、石油钻井、核聚变及隔热保温等领域都具有重要的应用前景,因此也被誉为 21 世纪的"空间时代材料"。

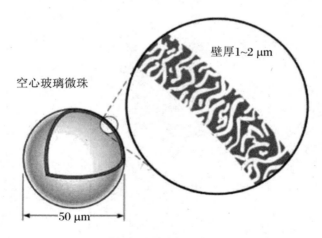

图 49.1　空心玻璃微珠结构示意图

根据不同分类标准可将空心微珠分为不同种类,若按照来源可分为天然空心微珠和人造空心微珠。天然空心微珠一般是指从火电厂粉煤灰中分选提取的粉煤灰空心微珠,其表面形态多为光滑、泛珍珠光泽、粒径分布在 $1\sim300\ \mu m$ 之间的球形或类球形颗粒,颜色多为灰白色和深灰色,主要化学组成为 SiO_2-CaO-Al_2O_3,其

中 SiO_2 和 Al_2O_3 含量之和可达 90%。人工合成空心微珠的研究是从 20 世纪 50 年代开始的,尽管生产设备相对昂贵、制备工艺相对复杂且成本较高,但随着研究人员对空心微珠的成分及粒径可控性的研究不断深入,可实现赋予各种特殊性能而使其满足航空航天、石油化工、深海探测及生物医药等高技术和高附加值领域的应用。

随着国际社会对空心微珠的广泛应用与研究,其制备技术日趋成熟。目前主要有干凝胶法、液相雾化法、滴液法、固相粉末法、模板法及喷雾干燥法等。本实验采用喷雾干燥法。

喷雾干燥法首先利用喷雾干燥塔将预先制备含有发泡剂的玻璃悬浮液制成干燥前驱体,然后在高温烧结炉中将前驱体烧结膨胀使其玻璃化得到空心结构的微珠。喷雾干燥法的优势有:① 通过调节玻璃悬浮液的化学组分不仅能获得更多系列产品,还能降低烧结过程中的玻璃软化温度;② 高温烧结过程中玻璃化反应可以提高成品微珠的抗压强度;③ 仅有一次烧结过程,以降低能耗的方式使得制备成本减少。由于喷雾干燥法具备以上优势而被广泛认为可用于工业化生产。

三、实验仪器与试剂材料

仪器:球磨机、蠕动泵、离心式喷雾干燥机、恒温干燥箱、燃烧炉、X 射线衍射仪、扫描电子显微镜、激光粒度仪。

试剂材料:石英砂、硼砂、碳酸钙、碳酸钠、硫酸钠、磷酸钠、去离子水、聚丙烯酸钠、三聚磷酸钠、聚乙二醇、杜邦 FS-3100、聚醚改性聚硅氧烷、甲基三甲氧基硅烷、异丙基三油酸酰氧基钛酸酯、活性滑石粉(2000 目)。

四、实验步骤

1. 料浆的制备

准确称量基本原料各组分、稳定分散剂和表面活性剂,并采用流量计计量一定质量的水,将基本原料各组分、稳定分散剂、表面活性剂和水通过分散罐混合 15～20 min 后,经送料泵输送至球磨机,制得固相含量为 55%～65% 的料浆,粒径≤10 μm。

2. 前驱物的制备

将步骤 1 制备的混合料浆经送料泵输送至喷雾造粒设备,在入口温度为 280～425 ℃、出口温度为 100～155 ℃、离心转速为 10000～16500 r/min 的条件下进行喷雾造粒,旋风收集的粉体为高流动性实心球——空心玻璃微珠前驱物。

3. 空心玻璃微珠的制备

将步骤 2 制备的空心玻璃微珠前驱物经送粉设备输送至烧结设备中,在负压系统、多组分配气系统、加热系统的协同作用下完成烧结玻化过程,然后经气流输送至冷却塔中,经室温循环风完成强化过程,并通过收集设备收集空心玻璃微珠产品。

四种玻璃微珠配方及相关工艺参数见表 49.1。

表 49.1 四种玻璃微珠配方及相关工艺参数

	名称	1	2	3	4
配方	石英砂(g)	60.89	60.80	60.90	60.35
	硼砂(g)	14.26	14.23	14.26	14.73
	碳酸钙(g)	20.54	20.15	20.18	19.31
	碳酸钠(g)	3.62	3.62	3.62	3.62
	硫酸钠(g)	0.25	0.48	0.39	0.78
	磷酸钠(g)	0.44	0.72	0.65	1.21
	水(g)	43	40	44	38
添加剂	聚丙烯酸钠(%)	0.15		0.1	
	三聚磷酸钠(%)		0.2	0.05	0.1
	聚乙二醇(%)	0.15		0.12	0.2
	杜邦 FS-3100(%)	0.1	0.07		
	聚醚改性聚硅氧烷(%)			0.15	0.18
造粒	转速(r/min)	16000	13500	14200	10000
	入口温度(℃)	290	360	345	420
	出口温度(℃)	110	150	138	150
	前驱物粒径(μm)	6～32	20～51	11～40	30～78
表面改性	甲基三甲氧基硅烷(%)		0.5		
	异丙基三油酸酰氧基钛酸酯(%)			1.5	1.0
	活性滑石粉(2000 目)(%)	3			
	改性温度(℃)	室温	105	105	105

五、样品表征

（1）对空心玻璃微珠的物相进行 XRD 分析。

（2）对空心玻璃微珠的微观形貌进行 SEM 分析。

（3）对空心玻璃微珠的粒径进行分析。

六、思考题

（1）空心玻璃微珠有什么特性？

（2）本实验在喷雾干燥与高温烧结过程中有哪些注意事项？

实验五十 空心玻璃微珠抗压强度的检测

一、实验目的

(1) 了解空心玻璃微珠的定义、特点及应用。

(2) 掌握测定空心玻璃微珠抗压强度的原理及方法。

二、实验原理

空心玻璃微珠是一种经过特殊加工处理的玻璃微珠,其主要特点是密度较玻璃微珠更小,导热性更差。它是 20 世纪五六十年代发展起来的一种微米级新型轻质材料,其主要成分是硼硅酸盐,一般粒径为 $10\sim250\ \mu m$,壁厚为 $1\sim2\ \mu m$。空心玻璃微珠具有抗压强度高、熔点高、电阻率高、热导系数和热收缩系数小等特点,被誉为 21 世纪的"空间时代材料"。空心玻璃微珠具有明显的减轻重量和隔音保温效果,使制品具有很好的抗龟裂性能和再加工性能,被广泛地使用在工程塑料、防腐保温材料、橡胶、浮力材料、玻璃钢、人造大理石、人造玛瑙、代木等复合材料以及石油工业、航空航天、5G 通信、新型高速列车、汽车轮船、隔热涂料、胶黏剂等领域,有力地促进了我国科技事业的发展。

空心玻璃微珠的特点较多,主要如下:

(1) 颜色纯白:可广泛用于任何对外观颜色有要求的制品中。

(2) 比重轻:空心玻璃微珠的密度是传统填充料微粒密度的十几分之一,填充后可大大减轻产品的基重,替代及节省更多的生产用树脂,降低产品成本。

(3) 亲油性:空心玻璃微珠润湿分散容易,可填充于大多数热固热塑性树脂中,如聚酯、环氧树脂、聚氨酯等。

(4) 流动性好:由于空心玻璃微珠是微小圆球,在液体树脂中要比片状、针状或不规则形状的填料更具有较好的流动性,所以充模性能优异。更重要的是这种小微珠是各向同性的,因此不会产生因取向造成不同部位收缩率不一致的弊病,保证了产品的尺寸稳定,不会翘曲。

(5) 隔热、隔音、绝缘:空心玻璃微珠的内部是稀薄的气体,所以它具有隔音、隔热的特性,是作为各种保温、隔音产品的极佳填充剂。空心玻璃微珠的隔热特性还可用于保护产品经受急热和急冷条件之间交替变化而引起的热冲击,较高的比电阻、极低的吸水率使其可广泛用于加工生产电缆绝缘材料。

（6）吸油率低：球体的微粒决定了其有最小的比表面积及低吸油率，使用过程中可大大减少树脂的用量，即使在高添加量的前提下黏度也不会增大很多，大大改善了生产操作条件，可使生产效率提高 10%～20%。

目前空心玻璃微珠需要表征的指标主要有：抗压强度、真密度、漂浮率、堆积系数以及粒径等，而几个指标中最重要最核心的性能指标就是抗压强度，也就是空心玻璃微珠在一定恒等静压下的破坏程度，一般以空心玻璃微珠在一定恒等静压下，其破坏的空心玻璃微珠体积占总体积的百分数衡量。

目前，国际上空心玻璃微珠的抗压强度检测方法没有统一的标准，主要有水等静压检测法、气体等静压检测法和液压油（汞）等静压检测法。本实验就这 3 种检测方法的基本原理进行介绍。

1. 水等静压检测法

目前在国际上有俄罗斯、美国 Emerson 和我国军标 3594-99 等采用水等静压检测法测量空心玻璃微珠的抗压强度，主要是利用阿基米德排水法测量抗压前后的空心玻璃微珠密度的变化，然后通过计算公式间接得出。

测定原理：在水等静压下，空心玻璃微珠的抗压强度特性是用破坏前后空心玻璃微珠的体积变化来表示的。包囊内已知质量的空心玻璃微珠在一定水等静压下被破坏，抽真空后微珠内的空气被排空，测定包囊内微珠在受等静压前后浮力的变化可计算出被破坏微珠占总微珠的体积百分比。当在一定恒等压力下空心玻璃微珠的破损率为 N_σ，此时相应的水等静压力为该空心玻璃微珠在该破损率下的抗压强度 σ_i。

2. 气体等静压检测法

气体等静压检测法测定空心玻璃微珠的抗压强度是美国 3M 公司质量控制检测标准，利用气体作为压力传输介质进行抗压强度测试，作为全球最大空心玻璃微珠生产商，此种检测方法具有一定的代表性，主要利用气体比较比重仪法测定抗压前后的空心玻璃微珠密度，也是通过计算公式间接得出。

测定原理：一定质量的空心玻璃微珠在一定气体恒等静压力下会发生破损，用气体比较比重仪测定破损前后的密度变化，再用质量除以密度得到体积变化。当在一定恒等静压力下空心玻璃微珠的体积变化率为 N_f，此时相应的气体恒等静压力为该空心玻璃微珠在该破损率下的抗恒等静压强度 P。

3. 液压油（汞）等静压检测法

液压油（汞）等静压检测法是美国 3M 公司根据 ASTM D3102-78 标准（已废除）制定的质量控制方法 3MQCM14.1.5，用以表征其产品的抗压强度，也就是将 3～6 cm³ 的空心玻璃微珠放置在一个小的橡胶球中，随后在橡胶球中注满甘油或异丙醇，然后密封橡胶球并将其放入注满液压油的压力室中进行恒等静压力的测定，压力和体积的变化通过计算机输出，以一条压力相对于体积的曲线被记录在 x-y 轴上。此方法是一种直接测量方法。

将一定体积(一般为 $3\sim6\ cm^3$)的空心微珠粉体装入一包囊内,然后充满甘油,并进行抽真空,等包囊内气体排尽后密封包囊。把密封好的包囊放入装满液压油或汞的压力容器内,压力容器一端为密封口,另一端与压力传感器和膨胀计相连,包囊放入压力容器后抽真空,使压力容器、膨胀计和管道充满液压油并密封压力容器。然后启动膨胀计动力系统对膨胀计进行加压,随着压力增加,包囊内空心微珠开始破碎,膨胀计内液压油填补微珠破碎后留下的体积,膨胀计内液压油体积开始减少,同时记录膨胀计液压油体积变化和压强,这时压强所对应的体积变化就是该压强下微珠破碎的体积,然后用该体积除以总体积,就是该压强下体积破碎率。

三、实验仪器与试剂材料

仪器:包囊、真空抽滤机、水压仪。

试剂材料:空心玻璃微珠、蒸馏水、甘油。

四、实验步骤

1. 水等静压检测法

把一定质量的空心玻璃微珠装在焊有黄铜丝网的包囊内,将装有空心玻璃微珠的包囊放入有蒸馏水的抽滤瓶中进行抽真空。然后通过排水法测量空心玻璃微珠的体积 $V_{球}$,将称量完的带有空心玻璃微珠并充满水的包囊移到水压仪的高压密封罐中,密封后在高压密封罐中施加 σ 的压力。保压 10 min,卸掉压力,缓慢打开高压密封罐,将包囊重新移到带有蒸馏水的抽滤瓶中抽真空。然后再通过排水法测量 t 空心玻璃微珠减少的体积 $V_{减}$,通过公式(1)计算其体积破碎率,此方法测试前需知道空心玻璃微珠球壁的真密度 ρ_p 和测试温度下水的密度 ρ_w。

2. 气体等静压检测法

把一定质量的空心玻璃微珠装在样品池内,样品池为金属铜材质,要求样品池两端用铜网封口,铜网孔径应小于空心玻璃微珠样品直径。选取一定量空心玻璃微珠装入样品池,利用气体比较比重仪法测定该空心玻璃微珠的密度 ρ_1,然后将样品池放入高压测试舱,密封后在高压测试舱施加一定压力 P,保压 10 min,卸掉压力,缓慢打开高压测试舱,将样品池移出,再利用气体比较比重仪法测试加压后空心玻璃微珠的密度 ρ_2,然后通过公式(2)计算其体积破碎率,此方法测试前也需知道空心玻璃微珠球壁的真密度 ρ_G。

3. 液压油(汞)等静压检测法

选取一定质量 M 的空心玻璃微珠,按公式(3)、(4)、(5)计算出压力测试前空心玻璃微珠的空间体积 V_V,然后把称好的空心玻璃微珠装入一包囊内,充满甘油,并进行抽真空。等包囊内气体排尽后密封包囊,把密封好的包囊放入装满液压油或汞的压力容器内,压力容器一端为密封口,另一端与压力传感器和膨胀计相连,包囊放入压力容器后抽真空,使压力容器、膨胀计和管道充满液压油并密封压力容器。首先从常压开始对膨胀计加压,此时膨胀计中液压油随着压力增加不断被排出,同时记录压力和膨胀计中的液压油的量,一直升到最高压力,得到压强和体积变化的曲线 I。然后从高压慢慢降压得曲线 II,等液压油温度冷却到室温后,再从常压加到最高。从高压慢慢降压得曲线 III,按照公式(6)计算空心玻璃微珠在 P 压强下的破碎体积 V_P,再根据公式(7)计算 P 压强下空心玻璃微珠的体积破碎率。

五、数据处理

1. 水等静压检测法

在给定的等静压 σ_i 下,空心玻璃微珠的体积破坏百分数 N_σ 按公式计算:

$$N_\sigma = \frac{W_\sigma - W_0}{(m_2 - m_1)(1 - \rho_w / \rho_p) + W_k - W_0} \tag{1}$$

式中:

N_σ——空心玻璃微珠受压前后的体积变化百分比;

m_1——包囊在空气中的质量,g;

m_2——包囊与空心玻璃微珠在空气中的质量,g;

W_0——包囊与空心玻璃微珠在水中的质量,g;

W_σ——加完压带有空心玻璃微珠的包囊在水中的质量,g;

W_k——包囊浸没在水中的质量,g;

ρ_w——测试温度下水的密度,g/cm³;

ρ_p——空心玻璃微珠的壁材密度,g/cm³。

测定包囊中空心玻璃微珠试样在等静压 $\sigma_1, \cdots, \sigma_i$ 下的强度实验,每次都进行抽真空。在水中称量和计算空心玻璃微珠破坏的百分数 N_σ,实验一直进行到空心玻璃微珠体积破坏百分数 N_σ 大于规定值,然后用图表建立 $N_\sigma = f(\sigma)$ 的关系,并从图中找出或用拟合公式计算出该批空心玻璃微珠在规定体积破坏百分数下的压力 σ。

2. 气体等静压检测法

计算公式如下:

$$N_f = \frac{\rho_G(\rho_1 - \rho_2)}{\rho_2(\rho_G - \rho_1)} \tag{2}$$

式中:

N_f——一定恒等静压下,被破坏的空心玻璃微珠占总空心玻璃微珠的体积百分比;

ρ_1——气体压缩前空心玻璃微珠的颗粒密度,g/cm³;

ρ_2——气体压缩后空心玻璃微珠的颗粒密度,g/cm³;

ρ_G——空心玻璃微珠玻璃壳体的密度,g/cm³。

3. 液压油(汞)等静压检测法

计算公式如下:

$$V_0 = \frac{M}{\rho_0} \qquad (3)$$

式中：

V_0——空心玻璃微珠的体积，cm^3；

M——空心玻璃微珠的质量，g；

ρ_0——空心玻璃微珠的真密度，g/cm^3。

$$V_0 = \frac{M}{\rho_1} \qquad (4)$$

式中：

V_1——空心玻璃微珠的壁材体积，cm^3；

M——空心玻璃微珠的质量，g；

ρ_1——空心玻璃微珠的壁材真密度，g/cm^3。

$$V_v = V_0 - V_1 \qquad (5)$$

式中：

V_v——空心玻璃微珠的空间体积，cm^3。

$$V_P = V_t - (V_{mp} - V_1) \qquad (6)$$

式中：

V_P——空心玻璃微珠在 P 压强下的破碎体积，cm^3；

V_t——空心玻璃微珠在最高压强下的破碎体积，cm^3；

V_{mp}——降压过程中 P 压力下的膨胀计体积，cm^3；

V_1——加压过程中 P 压力下的膨胀计体积，cm^3。

P 压强下空心玻璃微珠的体积破碎率为：

$$F = \frac{V_P}{V_v} \times 100\% \qquad (7)$$

六、思考题

（1）分析三种检测方法的优缺点。

（2）空心玻璃微珠的破碎强度随压碎强度的增大有什么变化规律？

实验五十一　低熔点玻璃封接粉的制备

一、实验目的

(1) 了解玻璃封接粉的概念、种类与意义。

(2) 掌握低熔点玻璃封接粉的制备方法。

二、实验原理

低熔点玻璃粉是一种先进封接材料,该材料具有较低的熔化温度和封接温度,良好的耐热性和化学稳定性,较高的机械强度。低熔点玻璃粉,即低温熔融玻璃粉,区别于普通玻璃粉,其生产配方原料与普通玻璃粉不同,功能作用优异于普通玻璃粉。

无铅低熔点玻璃粉是根据特种玻璃材料的热相变特性,结合聚合物的热力学改性要求而研制的,采用含 SiO_2、P_2O_5、B_2O_3、Li_2O、ZnO、BaO、K_2O、Na_2O 等成分的高纯环保无机非金属原材料,经先进工艺熔炼合成玻璃体,再经洗涤→干燥→粗磨→保纯精磨→精密分级等工序精制而成。主要应用于耐高温涂料/油墨、可陶瓷化(阻燃)橡塑材料、中/高温钢化玻璃油墨、低温封接/焊接/黏结料、玻璃/陶瓷色釉料熔剂等。低温熔融玻璃粉是一种无毒、无味、无污染的无机非金属材料,由于其具备耐温性好、耐酸碱腐蚀、导热性差、高绝缘、低膨胀、化学性能稳定、硬度大等优良的性能,被广泛应用于高温涂料、高温油漆、高温油墨、阻燃塑料、阻燃橡胶、电子封装、电子灌封、封接材料、烧结材料及国防等领域。

三、实验仪器与试剂材料

仪器:天平、球磨机、高温炉、烘箱、筛网。

试剂材料:P_2O_5、Na_2O、K_2O、Al_2O_3、B_2O_3、CaO、BaO、去离子水。

四、实验步骤

(1) 低熔点玻璃封接粉材料,按摩尔质量比,由以下原料制备而成:P_2O_5:45%;Na_2O:16%;K_2O:10%;Al_2O_3:7.5%;B_2O_3:8%;CaO:4%;BaO:9.5%。

(2) 将上述原料配好置于超高速分散机进行混合分散,使各类原料之间能够混合分散均匀。

（3）将混合均匀的物料置于坩埚内，将坩埚置于高温炉中，在空气气氛中以 10 ℃/min 的升温速率从室温升至 500 ℃，在 500 ℃下保温 60 min 以促进各类盐及酸碱化合物的分解，再以 10 ℃/min 的升温速率升至 1200 ℃，保温 2 h，使熔料均匀，待完全融化澄清后得到玻璃液。将玻璃液倒入冷蒸馏水中，水淬得到玻璃碎渣。

（4）将所得玻璃碎渣置于烘箱中，在 130 ℃下烘干 12 h，将烘烤后的玻璃碎渣放入刚玉球磨罐内，在 300 r/min 的转速下研磨 4 h，过 150 目筛，即得低熔点封接玻璃粉。

五、样品表征

（1）对低熔点封接玻璃粉进行热分析（DTA、TG）表征。
（2）对低熔点封接玻璃粉进行红外光谱分析表征。

六、思考题

（1）低熔点玻璃粉的熔点高低受什么因素影响？
（2）实验过程中应注意哪些事项？

实验五十二　玻璃表面研磨抛光实验

一、实验目的

（1）理解玻璃研磨抛光的基本理论。

（2）了解玻璃研磨抛光的基本程序。

（3）学会玻璃研磨抛光的方法。

二、实验原理

随着工业技术水平的日益提高,各个行业对于光学玻璃的需求日益增加,而其应用也极其广泛,涉及工业、科技、民用等各个领域,具体包括在各种显示器、数码产品、仪器仪表以及其他高端产品中的使用,这些产品的使用要求主要都是通过研磨抛光方法来实现的。

玻璃的研磨与抛光是对不平整的玻璃表面进行加工,使其成为平整而光洁的表面;或者是将玻璃毛坯制品的形状、尺寸经研磨和抛光,达到规定的形状和尺寸要求,而且表面又很光洁的冷加工方法。目前玻璃的研磨和抛光,使用最多的是光学玻璃和眼镜片的加工,特殊情况下使用的压延法夹丝平板玻璃需要研磨与抛光,微晶玻璃基片和某些方法生产的超薄玻璃基片等也需要研磨和抛光。

玻璃的研磨分为粗磨和细磨。粗磨是用粗磨料将玻璃表面或制品表面粗糙不平或成形时余留部分的玻璃磨去,有磨削作用,使制品具备所需的形状和尺寸,或平整的面。开始用粗磨料研磨,效率高,但玻璃表面会留下凹陷坑和裂纹层,需要用细磨料进行细磨,直至玻璃表面的毛面状态变得较细致,再用抛光材料进行抛光,使毛面玻璃表面变成透明、光滑的表面,并具有光泽。研磨和抛光是两个不同的工序,这两个工序合起来,称为磨光。经研磨、抛光后的玻璃,称为磨光玻璃。

多年来,玻璃机械研磨、抛光机理,各国学者研究得很多,共存的见解归纳起来有三类不同的理论:磨削作用论、流动层论和化学作用论。

（1）磨削作用论:对于研磨,较多的学者认为由磨削开始。1665 年虎克提出研磨是用磨料将玻璃磨削成一定的形状,抛光是研磨的延伸,从而使玻璃表面光滑,纯粹是机械作用。这种认识延续至 19 世纪末。

（2）流动层论:以英国学者雷莱、培比为代表,认为玻璃抛光时,表面具有一定的流动性,也称为可塑层。可塑层的流动,把毛面的研磨玻璃表面填平。

（3）化学作用论：英国的普莱斯顿和苏联的格列宾希科夫，先后提出在玻璃的磨光过程中，不仅仅有机械作用，而且存在着物理、化学的作用，是以上三种或其中两种作用的综合。

由于玻璃研磨时，机械作用是主要的，所以磨料的硬度必须大于玻璃的硬度。光学玻璃和日用玻璃研磨加工余量大，所以一般采用刚玉或天然金刚砂研磨效率高。平板玻璃的研磨加工余量小，但面积大、用量多，一般采用价廉的石英砂。

常用抛光材料有红粉（氧化铁）、氧化铈、氧化铬、氧化锆、氧化钍等，日用玻璃加工也有采用长石粉的。红粉是 $\alpha\text{-Fe}_2\text{O}_3$ 结晶体，是玻璃抛光材料中使用得最早最广泛的材料。氧化铈和氧化锆的抛光能力较红粉高，由于它们的价格较红粉高，应用上没有红粉广泛。对抛光材料的要求是：除须有较高的抛光能力外，必须不含硬度大、颗粒大的杂质，以免对玻璃表面造成划伤。玻璃研磨作业的不同阶段，需要不同颗粒度的磨料，通常要进行分级处理。回收的废磨料经分级处理后也可再用。对颗粒较粗的粒级，可采用过筛法分级；对于较细的粒级，则需采用水。

对于光学玻璃加工，传统的研磨及抛光方法从精度和效率方面已不适应了，当前发展了许多新的加工技术，如数控研磨和抛光技术、离子束抛光技术、应力盘抛光技术、超光滑表面加工技术、延展性磨削加工、弹性发射抛光法、激光抛光、振动抛光等，这些新技术已完全适应了光学领域迅猛发展的要求。光学透镜新的加工技术，都是边检测、边修正，不仅加工精度高，而且加工速度提高了几倍至几十倍，对人工技术的依赖性已很小，新研磨和抛光技术的智能化程度都很高，重复精度高。数控研磨和抛光、应力盘抛光技术等，专门针对球面和非球面光学透镜的加工，非常专业化。这里只介绍几种通用的新型抛光技术。

本实验采用沈阳科晶的 UNIPOL-1200S 自动压力研磨抛光机（图 52.1），它采用恒压研磨方式，适用金属、陶瓷、玻璃、岩样、矿样、复合材料、有机高分子及超硬材料等的研抛，广泛应用于材料研究领域，适用于大专院校、科研院所实验室，以及工厂的小规模生产等。

该设备可对载样盘及研抛盘的速度、方向单独设置并配以恒定压力，从而去除试样表面的磨痕，消除变形层，达到理想的研磨、抛光效果。

三、实验仪器与试剂材料

仪器：UNIPOL-1200S 自动压力研磨抛光机。

试剂材料：玻璃、研磨抛光剂。

四、实验步骤

1. 研抛前准备

（1）检查水平度、电、上下水系统连接，无误后开启电源。

（2）放置样品：根据样品材质采用适合的方式（是否可加热、是否耐腐蚀，可选

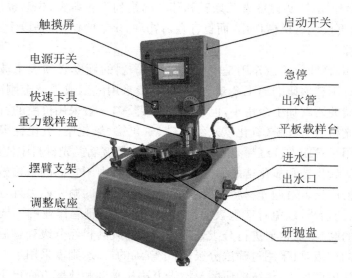

触摸屏　启动开关
电源开关　急停
快速卡具　出水管
重力载样盘　平板载样台
摆臂支架　进水口
　出水口
调整底座　研抛盘

图 52.1　UNIPOL-1200S 自动压力研磨抛光机

用石蜡、热熔胶、双面胶等)将样品粘接在平板载样盘(标配)上(图 52.2)。试样至少 3 件,均布在载样盘外边缘,如仅需制备一件试样,应加装两个相近的试样,以保证运转平衡。

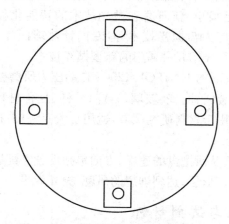

图 52.2　平板载样盘样品放置示意图

　(3) 研抛片安装:根据样品选择适合的研磨片(标配铸铁盘、金相砂纸)和抛光垫。金相砂纸及抛光垫撕去背胶直接粘接在研抛底片上,要求粘接平整,不能出现褶皱、翘曲、气泡,将磁力片粘接在铝盘(铝盘,发货时已粘接一个上)。

　　磁力铝盘三个定位销对准盘托定位孔,将磁力铝盘垂直插入下盘,将粘好的研抛片吸附在磁力铝盘上,如使用铸铁盘,可按以上方法直接将铸铁盘固定在盘托上,如图 52.3 所示。

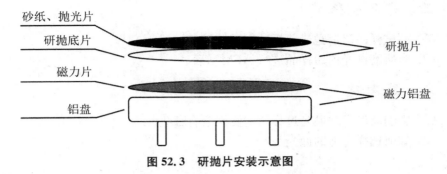

砂纸、抛光片
研抛底片　　　　　　　　　　　　　　　　研抛片
磁力片
铝盘　　　　　　　　　　　　　　　　　　磁力铝盘

图 52.3　研抛片安装示意图

（4）载样盘安装：样品粘接完毕后，将快速卡具向上提起，水平拖住载样盘，使载样盘上的定位销对准快速卡具的任一卡槽，垂直向上将载样盘插入卡具内，下拉卡具，安装完成。取下载样盘时拖住载样盘，将快速卡具向上提起，取下载样盘，松开卡具。

2．自动压力研抛

（1）准备工作完成，按需选择安装研抛片。

（2）在"自动控制"界面设置所需参数。

（3）调整压力头位置，使载样盘边缘对准下盘边缘，或根据样品粘接位置适当伸出下盘，位置调整后锁紧调节手柄。

调节手柄使用说明：① 拔出手柄调整手柄位置；② 松开手柄回弹后，逆时针为松开，顺时针为锁紧。

（4）根据研抛要求，添加研磨、抛光剂或开启出水管。

（5）同时按下压力头上两侧的启动开关，"运行指示灯"亮起，上下盘开始转动，载样盘与下盘接触产生压力时，"设定压力"栏"⇩"开始闪烁，压力稳定后指示箭头常亮，设备按设置参数开始运行。运行中如需终止运行，可以直接点击"停止"。

达到设定的运行时间后载样盘回到初始位置，蜂鸣器鸣响，取下载样盘，本次研抛结束。

3．重力研抛

（1）准备工作完成，按需选择研抛片，安装挡水罩。

（2）在"手动控制"界面设置所需参数。

（3）调节手柄、调整螺丝分别用来调整摆臂支架和支撑臂角度，使载样盘中心与两个滚轮中心夹角约成 90°，两个滚轮处于修盘环垂直方向中间位置，保证摆臂支架运行至最外侧时，载样盘边缘对准下盘边缘，或根据样品粘接位置适当伸出下盘（如需要可加配重，选配）。

（4）根据研抛需要，添加研磨、抛光剂或开启出水管。

（5）点击"运行"，再点击"摆臂开"开始运行，停止时点击"运行停止"按钮。

五、样品表征

(1) 测试样品研磨抛光前后的润湿接触角。

(2) 对研磨抛光前后样品进行 AFM 表征。

六、思考题

(1) 影响玻璃研磨抛光过程的主要因素有哪些？

(2) 如何选择合适的抛光剂？

实验五十三　玻璃表面化学蒙砂

一、实验目的

(1) 了解玻璃表面腐蚀方法。
(2) 掌握玻璃表面蒙砂工艺。

二、实验原理

玻璃的蒙砂处理是指通过一系列的物理或者化学方法,使得玻璃表面成为一种毛面结构,从而获得对光的减反射能力,这种经过处理的玻璃称为蒙砂玻璃。其中化学蒙砂玻璃是通过酸对玻璃表面进行侵蚀,反应时所产生的难溶物质依附于玻璃表面,并随着反应时间的推移而逐渐累积,从而形成致密的超微晶粒子黏附于玻璃表面,这些黏附于玻璃表面的超微晶粒子层阻止了酸对玻璃的进一步侵蚀,进而形成非均匀侵蚀,得到半透明的毛面结构,这种毛面结构将照射于玻璃表面的光进行散射,形成一种朦胧的感觉,因此称为蒙砂玻璃。

蒙砂玻璃的制备工艺随着科技的发展也在不断地更新和改进,现有的玻璃蒙砂方法大致可以归为两大类:物理法和化学法,这两种方法都是使玻璃表面形成毛面结构,但其原理却相差甚远。物理法主要是通过物理手段使玻璃表面产生毛面结构,通常的方法是将颗粒细小的石英砂或金刚砂喷射于玻璃表面,使其表面被撞击形成凹凸不平的毛面,也有通过磨砂的方法将玻璃表面加工成毛面,主要方法为喷砂法和磨砂法。物理法不影响玻璃的组成,不会引进新的元素,但是在处理过程中会对玻璃的表面结构造成一定程度的改变,使得玻璃原有的力学性能发生一定程度的变化。化学法主要是通过化学物质与玻璃进行反应,生成难溶的氟硅酸盐并沉积于玻璃的表面,形成难溶的超微晶粒子,这些超微晶粒子致密地覆盖于玻璃表面会阻止化学物质进一步与玻璃反应,进而形成非均匀侵蚀,得到半透明的毛面,根据超微晶粒子的大小得到相应透过率与反射率的蒙砂玻璃,主要方法为喷吹法、浸入法和涂布法。

三、实验仪器与试剂材料

仪器:烘箱、超声清洗机、塑料烧杯、电子天平、光泽度计、玻璃透/反射测率定仪等。

试剂材料：浓盐酸、浓硫酸、氟化钠、氟化钾、硫酸铵、硫酸钾、氟化钙、六偏磷酸钠。

四、实验步骤

1. 化学蒙砂液的制备

按照表格配制一定的化学蒙砂液，组成见表 53.1。

表 53.1　化学蒙砂液组成

组成 序号	氟化钾 (g)	氟化钙 (g)	氟化铵 (g)	硫酸钾 (g)	硫酸铵 (g)	浓硫酸 (g)	六偏磷酸钠 (g)
1	6	4	10	4	10	8	4
2	—	5	10	3	12	10	8
3	20	6	5			12	—

除浓硫酸外，将上述其余药品按照表中给出的量称取后加入盛有 300 mL 去离子水的塑料烧杯中，充分溶解后将一定比例的浓硫酸加入溶液中，配制成化学蒙砂液。

2. 化学蒙砂

将玻璃片按照设计好的图案贴好保护膜，随后放入蒙砂液中进行化学蒙砂，在蒙砂液中停留时间 4～10 min 后取出，清洗后去除保护膜，对化学蒙砂的玻璃表面进行显微结构分析、表观光泽度分析和透光率分析。

五、数据记录与数据处理

1. 玻璃表面显微结构

在玻璃表面滴上稀释过的蓝墨水，将玻璃放置在偏光显微镜下，观察玻璃表面腐蚀后的形貌特征。

2. 玻璃透光率测量

将化学蒙砂玻璃放置在玻璃透/反射测率定仪上，观察玻璃蒙砂后透射光和反射光的差别。

3. 表面光泽度测定

测试蒙砂玻璃表面光泽度变化，观察表面光泽度与抛光液组成、抛光时间、温度等之间的内在联系。

六、思考题

(1) 影响玻璃化学蒙砂的因素有哪些？

(2) 除了化学蒙砂以外，其他蒙砂工艺有哪些？基于何种原理？

(3) 化学蒙砂的优势有哪些？

实验五十四　玻璃封接工艺及性能检测

一、实验目的

（1）了解玻璃的封接工艺。
（2）掌握玻璃的封接方法。

二、实验原理

玻璃与金属封接是加热无机玻璃，使其与预先氧化的金属或合金表面达到良好的浸润而紧密地结合在一起，随后玻璃与金属冷却至室温时，玻璃和金属仍能牢固地封接在一起，成为一个整体。

玻璃与金属封接，首先是两种材料间具有良好的黏着力，这取决于两种材料的性质，即玻璃能湿润金属，其润湿角愈小，则黏着力愈好。纯金属的湿润角一般较其氧化物的润湿角大，同时高价氧化物的润湿角也较低价氧化物的大。

为了得到良好的不透气的封接，常常先在金属上制得一层低价氧化物薄膜（可将金属在空气中加热氧化，或涂上一层氧化物薄膜），这层氧化物能部分地溶于玻璃，即可获得气密良好的封接效果。松而多孔的氧化膜（如铜、铁的氧化物）妨碍了玻璃与金属间的黏着作用，得不到气密的封接，因而不能采用这种氧化物薄膜。

由于有大量气泡存在，造成熔封处不密实。在熔封过程中，多半是由被封接的金属放出大量气体，如含有碳的金属氧化时，放出 CO_2，所以含碳金属应预先在 H_2 或真空中退火，封接时要使用还原焰等措施，以避免产生气体包裹在封接件中，影响封接的气密性。被封接的玻璃与金属之间的热膨胀系数总有差异，纯金属的热膨胀曲线几乎是直线，而玻璃在转变温度附近向上弯曲，因而封接件就产生应力。

即使采用热膨胀系数比较接近的两种材料，在正常情况下封接时，由于温度高，玻璃尚处于黏滞流动状态，它可以通过自身的塑形变形来消除应力，这时不会产生应力。但在封接结束冷却时，在 T_g 以下，玻璃开始失去黏滞流动性，到退火下限温度时玻璃完全失去塑性变形，开始产生应力，应力情况视两种材料的热膨胀曲线及封接形式不同而异。经验证明，封接应力应小于 980.665×10^4 Pa，否则，将在封接界面出现裂纹，且不能保证封接件的气密性。

封接操作结束后的封接件，如急速冷却则会产生更大的应力，由于玻璃的导热性差，玻璃在接近金属处先冷却，若此处已达到脆性状态，而其他部分还未失去塑性变形时,会产生很大的应力,可能会损坏封接件,所以封接后的封接件必须退火。

玻璃与金属的封接形式,概括地说可以分为匹配封接和非匹配封接两类。

1. 匹配封接

匹配封接指金属与玻璃直接封接,如图 54.1 所示,但必须选用热膨胀系数和收缩系数相近似的玻璃和金属,使封接后玻璃中产生的封接应力在安全范围之内。一般来说,某种金属应配以专门的玻璃来封接,如钨与钨系玻璃封接、钼与钼系玻璃封接等。这是玻璃与金属封接的主要形式之一。

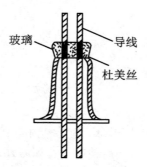

玻璃 导线 杜美丝

图 54.1　匹配封接实例

2. 非匹配封接

非匹配封接指金属和玻璃或其他待封接的两种材料的热膨胀系数相差很大而彼此封接的形式,如图 54.2 所示。若直接封接,则封接件中的玻璃将产生较大的危险应力。

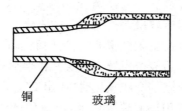

铜 玻璃

图 54.2　非匹配封接实例

3. 金属焊料封接

为了消除金属与玻璃直接封接的困难,先在玻璃表面上涂敷一层金属,然后用焊料使其焊在金属部件上。这种焊接方法常用于密封电容器以及其他较小的电器零件。但这种焊接件不耐高温。

玻璃表面涂覆金属薄膜的方法有很多,例如,用银或铂的化合物的悬浮液加热而获得银层或铂层,在真空中进行金属的蒸发及沉积,金属的阴极溅射,将金属粉末或液态金属喷到玻璃上等,然后用焊锡、氧化锌、含银的锡铝焊料等使金属薄膜与金属件封接,此工艺相当于陶瓷金属化。

4. 机械封接

石英玻璃由于热膨胀系数很低,因而与金属或合金的封接有困难,可在玻璃与金属之间涂敷熔融的低熔点金属作焊料,冷却后焊料紧密地使金属与玻璃密封,这种封接方法称为机械封接。如钨或钼导线和石英玻璃封接的地方填满熔融的铅(327 ℃),冷却后,铅层就牢牢地与石英玻璃黏合起来;也可对内表面涂敷有锡的金属筒进行加热,直到锡开始熔化(232 ℃),将玻璃管插入金属筒内再冷却,玻璃管与金属管也就结合在一起了。

本实验采用匹配封接。

三、实验仪器与试剂材料

仪器:马弗炉、恒温干燥箱、水浴锅、石墨模具、真空烧结炉。

试剂材料:304 不锈钢上盖、4J52 合金芯柱、封接玻璃粉、碳酸钠、磷酸钠、氢氧化钠、乳化剂 OP-10、高纯氮气。

金属上盖与金属芯柱玻璃封绝缘子的结构示意图如图 54.3 所示。

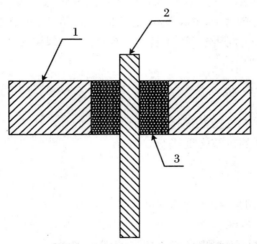

图 54.3　金属上盖与金属芯柱玻璃封绝缘子的结构示意图
1. 金属上盖;2. 金属芯柱;3. 玻璃

四、实验步骤

1. 玻璃成形

将封接玻璃粉通过模具加压成玻璃坯,然后将玻璃坯在炉中排蜡,固化成形。

排蜡固化的工艺:马弗炉以 20 ℃/min 的升温速度升温至 600 ℃,保温 30 min,可根据玻璃坯质量的大小,增加保温时间,气氛为空气,保温结束后自然冷却到100 ℃以下,出炉。

2. 表面处理

将金属材料和步骤 1 中的玻璃坯分别投入去油溶液中进行处理,处理时间为 15 min,去油后再用水清洗并烘干。

去油溶液由以下原料组成:质量浓度为 20 g/L 的碳酸钠,质量浓度为 40 g/L 的磷酸钠,质量浓度为 40 g/L 的氢氧化钠,体积浓度为 3 ml/L 的乳化剂 OP-10,去油溶液的温度为 55 ℃。

3. 装配

将金属上盖、金属芯柱和步骤 1 中成形的玻璃坯装配在石墨模具中,石墨模具的尺寸根据金属上盖和金属芯柱的尺寸制作。

4. 烧结

将装配的石墨模具放入烧结炉中进行烧结,烧结完成后即得到金属上盖和金属芯柱通过玻璃封接的玻璃封缘子。

烧结工艺过程为:首先,开启真空泵抽取真空,真空抽到 10^{-1} Pa 时,以 10 ℃/min 的升温速度升温至 600 ℃,继续抽真空,使烧结炉内的真空度≤5.0×10^{-2} Pa,并保温 30 min。保温结束后,关掉真空泵,向烧结炉中充入纯度为 99.99% 的高纯氮气,当烧结炉内压力为 1 Pa 时,关掉充气阀,以 20 ℃/min 的升温速度升温至 1000 ℃,保温 30 min 后,断电降温,温度为 650 ℃时,保温 20 min 后,继续降温,炉温低于 100 ℃时,出炉。

五、材料的表征

(1) 对封接试样的气密性进行检测。

(2) 对封接试样的抗拉强度进行检测。

六、思考题

(1) 玻璃与金属的封接条件有哪些?

(2) 对封接玻璃有哪些性能要求?

(3) 与玻璃形成气密封接的金属需满足哪些要求?

实验五十五　彩色微晶玻璃的制备及性能检测

一、实验目的

（1）了解微晶玻璃的定义、应用、制备原理。

（2）掌握彩色微晶玻璃的制备方法。

二、实验原理

微晶玻璃，又叫玻璃陶瓷，是由具有特定组成的基础玻璃经过某种晶化操作（如加入晶核剂）在玻璃中生成晶核，后经过热处理工艺使晶核生长以制备拥有大量玻璃相和微晶相的多晶固体材料。正如它的名字玻璃陶瓷，微晶玻璃是一种介于陶瓷与玻璃之间的材料，它同时拥有着玻璃和陶瓷的性质，拥有着两者的优点。微晶玻璃和陶瓷相比，有着更好的化学稳定性、更好的耐磨性、更高的硬度；和一般玻璃相比，有着更好的强度、更高的韧性。所以，微晶玻璃可以当作功能材料使用的同时，也可以当作结构材料使用，有着广泛的应用。

随着人们生活水平的不断提高，越来越多的人爱追求个性化的产品。对于大众消费品的智能手机来说，人们倾向于手机外观的差异化。以玻璃后盖为主的高端手机保护屏由于没有透明度的要求，以及降成本的诉求，成为各大厂商研究彩色或多色玻璃的热点。

目前，常见的彩色玻璃制备方法为玻璃配方本体着色和玻璃表面着色。玻璃配方本体着色需在玻璃熔制过程中加入着色离子，此方法适宜于单一颜色的量产，对于有不同颜色需求的产品制造来说，缺乏量产性。玻璃表面着色，常见的为表面涂覆（如喷墨打印、丝网印刷等），将着色剂黏附在玻璃表面再通过高温烧结，使玻璃着色。此方法对着色剂的颗粒度及涂覆的均匀性要求较高，对烧结的温控也有较高要求，工艺较为繁琐。另一种表面着色为高温离子着色，其通过将玻璃置入高温着色熔盐内，实现离子间的互相置换，实现玻璃表面着色。其工艺简单，非常适合量产化，同时，还可通过改变熔盐种类或比例，或不同的工艺制度，实现不同颜色效果。

三、实验仪器与试剂材料

仪器：球磨机、高温炉、X射线衍射仪、透光率测试仪、扫描电子显微镜。

试剂材料：SiO_2、Al_2O_3、P_2O_5、Li_2O、Na_2O、ZrO_2、SnO_2。

四、实验步骤

将质量百分比为 73.5% SiO_2、10.2% Al_2O_3、1.5% P_2O_5、9.7% Li_2O、0.25% Na_2O、4.8% ZrO_2、0.05% SnO_2 的氧化物，熔制 100 g 玻璃，按其纯度、水分及比例进行称量并混合均匀，将可熔制的混合料放入坩埚，投入高温炉内，根据玻璃组成的熔化难易度，在 1500 ℃保温 4 h，熔为玻璃液，浇铸成形，再切割制备成厚度为 0.7 mm 的基础玻璃板。

将基础玻璃板放入晶化炉内，以 10 ℃/min 升温至 550 ℃，保温 180 min；以 3 ℃/min 升温至 710 ℃，保温 60 min；以 5 ℃/min 升温至 800 ℃，保温 120 min 后，随炉降温至 100 ℃以下，拿出，室温冷却。

五、材料的表征

（1）测试彩色微晶玻璃的 XRD 图谱。

（2）测试彩色微晶玻璃的透光率。

（3）测试彩色微晶玻璃的 SEM 图谱。

六、思考题

（1）微晶玻璃析晶有哪几个阶段？

（2）析出晶粒的大小受什么因素影响？

实验五十六　高温固相法制备硅酸盐长余辉发光材料

一、实验目的

(1) 了解硅酸盐长余辉发光材料的概念、应用。

(2) 掌握高温固相法制备硅酸盐长余辉发光材料。

二、实验原理

自从 20 世纪初发现长余辉现象以来,长余辉材料的研究取得了长足进展。目前研究的可见光长余辉体系主要有金属硫化物、硫氧化物、铝酸盐、硅酸盐、磷酸盐和钛酸盐等。20 世纪 90 年代以来,发明了铝酸盐体系的长余辉发光材料,其中以 $SrAl_2O_4:Eu^{2+},Dy^{3+}$ 为代表,其特点是发光亮度高,余辉性能优良,化学稳定性好,但是铝酸盐体系的长余辉发光材料也存在着明显的遇水不稳定、发光颜色不丰富等缺点。随着长余辉发光材料技术的发展,针对这些缺点,以硅酸盐为基质的发光材料由于具有良好的化学稳定性、发光颜色多、原料来源丰富且价廉而受到人们的重视。

Eu 激活的硅酸盐长余辉发光粉作为一种非放射性发光材料,与目前常用的铝酸盐长余辉发光粉相比,具有化学稳定性好、耐水性强、与陶瓷基体相容性好等优点,而且二氧化硅原料价廉、易得,硅酸盐体系烧结温度比铝酸盐低 100 ℃ 以上,因而具有广泛的应用前景。

制备硅酸盐长余辉发光材料,一般采用溶胶-凝胶法或高温固相合成法。溶胶-凝胶法因为先驱体的混合是在溶液中进行,短时间就可以达到纳米级甚至分子级均匀,因而具有更好的反应活性,能获得更好的发光效果,烧成温度也相对较低,但制备过程复杂,使用的硝酸盐在烧成中分解腐蚀设备。而高温固相法工艺相对简单,合理控制各参数,也可得到性能优良的产品。本实验采用高温固相法。

三、实验仪器与试剂材料

仪器:球磨机、刚玉坩埚、高温炉、X 射线衍射仪、荧光光谱仪、红外光谱仪。

试剂材料:$BaCO_3$、SiO_2、Eu_2O_3、Nd_2O_3、CO 气体。

四、实验步骤

取 6.311 g BaCO$_3$、2.001 g SiO$_2$、0.117 g Eu$_2$O$_3$（99.99%）和 0.112 g Nd$_2$O$_3$（99.99%）混合，充分研磨均匀，得到混合物。将所述混合物放入刚玉坩埚中，再将上述装有混合物的刚玉坩埚放入高温炉中，在 CO 存在下，于 1400 ℃ 进行焙烧 6 h，自然冷却到室温，取出研磨，得到呈浅黄色粉末状的产品，即为硅酸盐长余辉发光材料。

五、样品表征

（1）对硅酸盐长余辉发光材料的物相进行 XRD 表征。
（2）对硅酸盐长余辉发光材料的发光性能进行表征。
（3）对硅酸盐长余辉发光材料的红外光谱进行分析。

六、思考题

（1）按照余辉时间的长短，发光材料可以分为哪几类？
（2）什么是激发光谱？什么是发射光谱？

实验五十七　发光功能玻璃的制备与光谱学性能分析

一、实验目的

(1) 了解玻璃和微晶玻璃的制备方法和后处理工艺,初步掌握玻璃材料的实验技术和研究分析方法。

(2) 利用对玻璃和微晶玻璃差热分析、X 射线衍射分析,分析玻璃的析晶行为,制订获得微晶玻璃的处理工艺。

(3) 对比分析玻璃和微晶玻璃在相结构和微结构上的差异,并据此对玻璃和微晶玻璃上转换发光的差异作出定性分析。

二、实验原理

1. 稀土光谱理论基础

在元素周期表中,从原子序数为 57 的镧(La)至 71 的镥(Lu)等 15 个元素加上位于同一ⅢB族的原子序数为 21 的钪(Sc)和 39 的钇(Y)共 17 个元素通称为稀土元素。由于镧至镥的 15 个元素在化学性质、物理性质和地球化学性质上的相似性和连续性,人们将这 15 个元素又通称为镧系元素(Lanthanide,以下简写为Ln)。对于三价镧系离子,除了镧和镥之外均为顺磁离子,在光辐射场的作用下可以被激活从而发生电子状态的改变,并有可能辐射出光子。

对于电荷为 $+z$ 的原子核和 n 个电子(质量为 m,电荷为 $-e$)组成的体系,在核静止的条件下,体系的 Schrodinger 方程式中的 Hamilton 算符的形式为

$$H = \sum_{i=1}^{n} \frac{h^2}{8\pi^2 m} L_i - \sum_{i=1}^{n} \frac{Ze^2}{r_i} + \sum_{i>j=1}^{n} \frac{e^2}{r_{ij}} + \sum_{i=1}^{n} \xi(r_i) S_i l_i \tag{1}$$

其中,第 1 项求和为 n 个电子动能算符,L_i 是作用在球坐标 $(\gamma_i, \theta_i, \varphi_i)$ 处第 i 个电子的 Laplace 算符,h 为 Planck 常数;第 2 项求和为电子与电荷为 z 的核作用的势能算符;第 3 项求和为电子间相互作用能算符;第 4 项求和为电子自旋轨道作用能算符,ξ 是自旋-轨道耦合常数。Hamilton 算符中第 1、第 2 项对给定组态的原子和离子的各状态的能量作用都是相同的,但后两项将使简并的能级发生分裂。

在原子结构理论中,处理电子间相互作用和自旋-轨道相互作用对原子和离子体系的影响,对于下述两种极限情况采用的方案是:① 当电子间的相互作用能远

大于自旋-轨道相互作用时,采用 Ressell-Saunders 耦合方案。② 当自旋-轨道相互作用能远大于电子间相互作用能时,采用 j-j 耦合方案。

对于镧系离子来说,虽然电子间相互作用大于自旋-轨道相互作用,但由于自旋-轨道耦合系数较大,它们的自旋-轨道作用能与电子间的相互作用能,粗略地说是相同数量级的。它们的处理方案应采用居于上述两种方案间的中间方案,但计算较为复杂。对于轻稀土离子来说,Russell-Saunders 耦合方案处理结果虽有一定误差,但还是适合的。长期以来,镧系离子仍采用 Russell-Saunders 耦合方案。

当以 Russell-Saunders 耦合方案微扰处理给定电子组态的体系时,在考虑电子之间的库仑斥力后,体系状态要发生变化,能量发生分裂:

$$E = E^0 + \Delta E_i^{(1)} \tag{2}$$

式中:E^0 是未微扰简并态的能量,$\Delta E_i^{(1)}$ 是微扰后的能量修正值,它决定于该状态的总轨道角动量量子数 L 和电子总自旋角动量量子数 S,用光谱项 ^{2S+1}L 来标记。L 的数值用 S,P,… 大写字母表示,对应关系见表 57.1。

表 57.1　符号与轨道角的关系

L	0	1	2	3	4	5	6	7	8
符号	S	P	D	F	G	H	I	K	L

其中,$2S+1$ 为谱项的多重性,它放在 L 的右上角,当 $L \geqslant S$ 时,它表示一个光谱项包含的光谱支项的数目;当 $L < S$ 时,一个光谱项则有 $2L+1$ 个光谱支项,这时 $2S+1$ 不代表光谱支项数,但习惯上仍把 $2S+1$ 称为多重性。给定组态的情况,上述未微扰简并态的能量 E^0 是相同的,微扰以后 $\Delta E_i^{(1)}$ 有不同值,即有不同的光谱项,同一谱项的状态仍保持简并。

当电子的自旋-轨道耦合作用对体系微扰时,以光谱项标志的能量进一步变化,每个简并态也进一步分裂为 $2S+1$ 或 $2L+1$ 个不同能级,体系的能量为

$$E = E^0 + \Delta E_i^{(1)} + \Delta E_i^{(2)} \tag{3}$$

式中:$\Delta E_i^{(2)}$ 为电子的自旋-轨道耦合作用微扰后的能量修正值,它用光谱支项 $^{2S+1}L_J$ 表示,右下角的 J 为总角动量量子数。此时,同一组态、同一谱项的各支谱项仍保持简并,能级的简并度与 $4f^n$ 轨道中的电子数 n 的奇偶性有关。当 n 为偶数时(即 J 为正整数),每个态是 $2J+1$ 度简并,在晶场的作用下,取决于晶场的对称性,可劈裂为 $2J+1$ 个能级,即所谓的 Stark 劈裂。当 n 为奇数时,每个态是 $(2J+1)/2$ 度二重简并,在外磁场的作用下,可劈裂为 $(2J+1)/2$ 个二重能级,称为 Kremers 劈裂。

综上所述,Ln^{3+} 的 $4f^n$ 电子组态受各种微扰作用而引起的能级劈裂如图 57.1 所示,图 57.1 所示为 Ln^{3+} 的能级图。

在对 Ln^{3+} 光谱性质的研究中,通常根据去激发过程将这些跃迁分为辐射跃迁和无辐射跃迁。辐射跃迁通常是自发产生的,称为自发辐射跃迁,其辐射光是向四

面八方传播的,且在频率、初相位和偏振方向上并不相同。辐射跃迁也可以在外来光的诱导下发生,称为受激辐射。受激辐射的特点是辐射光子与诱导光子在频率、偏振方向、相位及传播方向上均是相同的,这也是产生激光的物理基础。但是,受激辐射的诱导光也可能被基态离子所吸收,因此,为了获得光量子放大,首先要破坏粒子在能量状态上的正常分布,实现粒子数反转。镧系离子具有丰富的 4f 能级,可以很容易获得粒子数反转,因此被广泛应用于激光材料中。

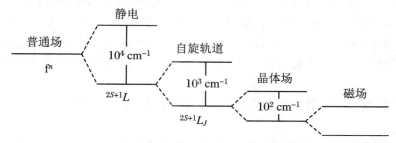

图 57.1　4f^n 电子组态的能级分裂

镧系离子的无辐射跃迁可以由镧系离子间的相互作用所导致。这种无辐射跃迁被认为是由共振能量传递引起的,可以发生在同种镧系离子之间,也可以发生在不同种镧系离子之间。在相同发光离子间,随着离子浓度的增加而产生的能量传递,使一组能级间跃迁的发光猝灭而另一组能级间跃迁的发光增强,称为浓度猝灭。而不同离子间的共振能量传递,可以把敏化离子吸收的能量传递至发光离子,也可以把发光离子的能量传递至不发光离子,前者称为敏化发光,后者则称为杂质猝灭。

镧系离子的无辐射跃迁还可以由镧系离子与基质的相互作用所导致,这种无辐射跃迁被认为是一种多声子弛豫的过程,其无辐射跃迁的概率 W_{MP} 可以描述为

$$W_{MP} = C\exp(-\alpha\Delta E)[n(T)+1]^{\frac{\Delta E}{\hbar\omega}} \tag{4}$$

式中:C、α 为与基质有关的常数;ΔE 为最近邻能级间的能量间隔;h 为 Plank 常数;$\hbar\omega$ 为声子能量;$\Delta E/\hbar\omega$ 通常被称为声子阶数;$n(T)$ 为声子模的玻色,其随温度的变化规律遵循 Bose-Einstain 分布规律,即 $n(T)=[\exp(\hbar\omega/kT)-1]^{-1}$,这里 k 为 Boltzmann 常数。所以,多声子无辐射跃迁概率首先决定于声子阶数,即能级间能量间隔和声子能量。对于镧系离子,前者决定于离子的能级结构,后者则决定于离子掺杂的基质结构。

由于辐射跃迁过程中总是伴随有无辐射跃迁的发生,为了获得更强的发射光强度,研究者的一个重要任务就是尽量降低无辐射跃迁发生的概率。但是,在一些特殊情况下,例如,对于 Ln^{3+} 的上转换发光,能量传递所引起的无辐射跃迁却是有利的因素。

2. 上转换发光

上转换发光是指发光离子通过多光子吸收机制把长波辐射转换成短波辐射的

一类反 stokes 发光。早期对上转换现象的研究可见于 Biter(1949)和 Kaster (1954)的报道。1959 年,Bloembergen 提出可以利用固体中掺杂离子能级间的激发态吸收(Excited State Absorption,ESA)来设计红外光量子探测计数器 (Infrared Quantum Counter,IRQC),这可以作为对上转换器件研究的开端。1966 年,Auzel 在研究钨酸镱钠玻璃时,意外发现,当基质材料中掺入 Yb^{3+} 离子时,Er^{3+}、Ho^{3+} 和 Tm^{3+} 离子在红外光激发时,可见发光几乎提高了两个数量级,由此正式提出了能量传递上转换(APTE,法文 Addition de Photon par Transferts d'Energie 的缩写)的概念,后来这个概念又被用英文定义为 ETU(Energy Transfer Upconversion)。在随后的几十年里,特别是 20 世纪 90 年代之后,上转换发光材料得到了广泛的研究,已经发展成为了一种把红外光转变为可见光的有效材料。

上转换发光的发射光强度 I_{em} 和激发光功率 I_{ex} 存在以下关系:

$$I_{em} \propto (I_{ex})^n \tag{5}$$

其中,n 是发射一个上转换光子所吸收的激发光光子的数目。测得发射光强度 I_{em} 和 LD 激发功率 I_{ex} 的关系曲线,利用对 $\lg(I_{em})$ 和 $\lg(I_{ex})$ 的线性拟合即可得到 n 值,从而揭示相应上转换发光的机制。根据 Auzel 的观点,上转换发光主要包括以下四种机制:激发态吸收(ESA)、能量传递上转换(APTE/ETU)、合作上转换 (Cooperative Upconversion,CU)和光子雪崩(Phonton Avalanche,PA),如图 57.2 所示。

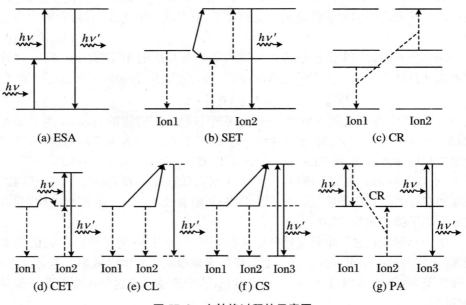

图 57.2 上转换过程的示意图

(1) ESA 机制:其原理是同一个离子从基态能级通过连续的多光子吸收达到

能量较高的激发态能级,然后跃迁回基态产生上转换发光的过程,这也是上转换发光的最基本过程。如果存在足够多的相邻的能级对的能量间隔可以满足能量匹配的要求,还可以形成吸收光子数大于 2 的多光子吸收。需要注意的是,为实现 ESA 过程,必须采用能量与发生吸收跃迁能级对能量间隔相匹配的泵浦源。为了满足能量匹配的要求,对于稀土离子掺杂的晶体材料,需要采用双波长泵浦的方式,其中一个波长的光将处于基态的离子激发至第一中间亚稳态,第二个波长的光将该亚稳态上的离子激发至更高能级上,形成双光子吸收。而对于镧系离子掺杂的非晶态材料,由于稀土离子跃迁时存在非均匀加宽现象,可以采用单波长泵浦的方式,能级间的能量失配可以通过吸收或发射声子的形式进行补偿。

(2) APTE/ETU 机制:该机制包括连续能量传递(Sequential Energy Transfer,SET)和交叉弛豫(Cross Relaxation,CR),这两种上转换过程都可以发生在相同或不同的离子之间,但是 SET 通常还是发生在不同类型的离子之间。与 ESA 不同,无论是晶体还是非晶体材料,均可采用单波长泵浦方式。另外,稀土离子的掺杂浓度必须足够高才能保证能量转移的发生。对于 APTE/ETU 过程,当敏化离子和激活离子发生跃迁的能级对间的能量间隔匹配度较高时,能量以共振的形式直接地进行传递;而当敏化离子和激活离子发生跃迁的能级对间的能量间隔匹配度较低时,能量以声子辅助无辐射的形式进行传递。由于该过程允许声子的参与,所以与 ESA 不同,无论是晶体还是非晶体材料,均可采用单波长泵浦方式。另外,稀土离子的掺杂浓度必须足够高才能保证能量转移的发生。

(3) CU 过程:该机制主要是由一对具有相互作用的离子对之间的"合作对效应(Cooperative Pair Effect)"引起的,包括发生在一对离子之间的合作能量传递(Cooperative Energy Transfer with Simutaneous Photon Absorption)、合作发光(Cooperative Luminescence)和发生在一对同种离子与第三个离子之间的共同敏化(Cooperative Sensitization)。由于 CU 过程涉及了具有"合作对效应(Cooperative Pair Effect)"的离子对,所以其发生的概率较其他三种上转换过程要低很多。

(4) PA 机制:"光子雪崩"是 ESA 和 ET 相结合的过程,其主要特征为:泵浦波长对应于离子的某一激发态能级与其上能级的能量差而不是基态能级与其激发态能级的能量差;其次,PA 引起的上转换发光对泵浦功率有明显的依赖性,低于泵浦功率阈值时,只存在很弱的上转换发光,而高于泵浦功率阈值时,上转换发光强度明显增加,泵浦光被强烈吸收。PA 过程取决于激发态上的粒子数积累,因此在稀土离子掺杂浓度足够高时,才会发生明显的 PA 过程,另外,PA 过程也只需要单波长泵浦的方式,需要满足的条件是泵浦光的能量与某一激发态和其向上能级的能量差匹配。

由于大部分上转换过程是分步进行的,这就要求上转换过程的中间态能级有足够长的寿命,以保证激发态离子有足够的时间来参与上转换的发光或是其他的光物理过程。除此之外,上转换发光还要求多声子无辐射跃迁概率处于较低的水平,因为低的多声子无辐射跃迁概率除了能够保证长的激发态寿命外,还可以保证上转换过程中的辐射跃迁不被猝灭。所以,提高上转换发光效率也就是如何降低多声子无辐射跃迁概率的过程。根据式(4)可知,多声子无辐射跃迁概率主要是由发光离子的能级结构、基质组成和工作温度所决定的,所以这三个因素也是最终影响上转换发光的效率。

发光中心的较高能级与相邻下一能级能量差的大小,影响着较高能级电子的发射概率:能量差较大时,无辐射概率相对小,辐射概率大,上转换效率高;反之,上转换效率小。基质的声子能量也是影响上转换发光效率的重要因素,主要同稀土离子间的能量传递和多声子弛豫有关,而基质的晶格和晶格中阳离子的电荷和直径大小也在一定程度上影响着发光强度,表现在多声子弛豫上。环境温度的变化对上转换发光的影响主要有两方面:温度升高,发光能级向相邻下能级的多声子弛豫速率增加,发光效率降低;其次,温度升高,吸收声子的能量传递的概率增加,发射声子的能量传递概率降低,发光效率升高。

3. 微晶玻璃

微晶玻璃是由玻璃的控制晶化制得的多晶固体。晶化就是通过仔细制定的热处理制度使玻璃中晶核生成及结晶相长大的过程。微晶玻璃的制备首先需要解决的问题是对晶化过程的控制,虽然早在 1739 年,Reaumur 就进行了制备微晶玻璃的尝试,但是,他在由碳酸钠-石灰-氧化钙玻璃制得多晶材料的过程中未能完成对晶化过程的控制,所以还没有得到真正意义上的微晶玻璃。实用的微晶玻璃首先由美国 Corning 公司的 S.D.Stookey 在 1959 年报道的,并由 Corning 公司申请获得最初的玻璃陶瓷专利。此后的几十年里,无论是在材料研发方面还是在理论研究方面,微晶玻璃都获得了长足的进步。

（1）玻璃的制备

玻璃的制备是把经过混合的原料放在足够高的温度下加热,使原料互相反应,并使气泡自熔体中逸出,这后一过程称为玻璃的澄清。澄清过程完成之后,将熔体急冷即得到玻璃。

由于熔体冷却过程中其内部出现的温度梯度会造成内应力的产生,这些应力会造成玻璃的破碎,因此必须用退火将其清除。退火是把玻璃放在"退火范围"(其精度一般为 $10^{12} \sim 10^{14}$ 泊)内某一均匀温度中进行处理。由于黏滞流动使应力消除并以足够慢的速度将玻璃冷却,以防止其中产生大的温度梯度,所能用的冷却速度取决于被退火的玻璃制品的厚度。

（2）玻璃向微晶玻璃的转换

玻璃转变为具有优于其原始性能的微晶玻璃也需要相应的成核及晶化的热处理工艺,主要指使氟化物形成微晶相,且稀土离子进入微晶相,从而使形成的微晶玻璃既具有稀土离子掺杂的氟化物体系的优异发光性能,也具有氧化物玻璃体系及微晶玻璃所决定的化学稳定性核高的机械强度。图 57.3 给出了可转变为微晶玻璃的典型母体玻璃的 DTA 曲线。其中，T_g 表示玻璃软化点温度或玻璃化温度，T_x 表示获得微晶玻璃需要进行热处理的核化温度，T_C 表示析晶峰的峰值温度。

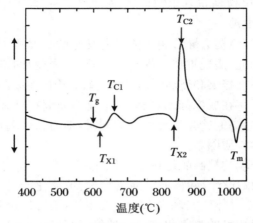

图 57.3　具有可控结晶能力的玻璃的 DTA 曲线

热处理的第一阶段，是把玻璃从室温加热到成核温度。一般来说，此处所用的加热速度就晶化工艺来讲不是关键的，主要的限制是要求玻璃制品中不要由于所形成的温度梯度而产生太高的应力而导致玻璃破碎。玻璃的厚度主要决定能使用的升温速度，虽然玻璃的热膨胀系数也将起一定的作用。正常的加热速度是每分钟 2~5 ℃。

热处理的第二阶段，是将玻璃在成核温度下保持足够长的时间，因为微晶玻璃是一种含有微小晶体并紧密互联起来的玻璃，这就要求要产生大量的小晶体而不是少量粗大的晶体，从而需要在成核温度下保温足够长的时间使其有效地成核，最佳的成核温度一般位于 T_g 点和比它高 50 ℃ 的温度范围内，如 T_x，可由实验测定。

热处理的第三阶段，是按程序控制温度对玻璃进行升温，升温速度要十分缓慢以便于晶体的生长而不至于使玻璃制品变形。随着温度向一个主晶相的液相线温度的接近，晶化进行得越来越快，但是为了防止玻璃相还居于支配地位的初期阶段发生变形，所用的加热速度一般不超过每分钟 5 ℃，容许的加热速度也可由实验测出。微晶玻璃晶化上限的选择，在于到达最大的晶化而不至于导致材料的过分变形，一般介于 T_x 和 T_C 之间。晶化温度的上限应低于主晶相在一个适当的时间内重熔的温度，各个晶相的液相线温度可由实验测得。

热处理的第四阶段，是在晶化上限温度保温至少 1 h，但如果为了使微晶玻璃具有所需要的结晶程度，则需要保持更长的时间。之后，可把玻璃冷却至室温，冷却可以很快地进行，因为微晶玻璃的高机械强度可使其经受相当大的温度梯度。

4. 镧系掺杂透明氟氧化物微晶玻璃

镧系稀土离子由于具有丰富的 f-f 跃迁谱线，而在长距离光通信、激光雷达、信息处理、三维显示、数据存储以及生物药学等领域有着重大应用前景,并广受关注和竞相研究。镧系掺杂玻璃材料在基质组成、结构可设计性和制备工艺方面有着晶体材料无法比拟的优点。因此,继晶体材料之后,镧系掺杂的玻璃材料,特别是硫系、氟磷酸盐和氟化物等非氧化物玻璃,被认为是一类优异的发光基质候选材料,从而得到了迅速发展。

然而,玻璃的无序结构会导致镧系离子的发光谱线加宽,在给定泵浦功率下,会造成增益下降。因此,实现重掺是提高发光效率(强度)的研究方向。重掺所导致的镧系离子发光浓度猝灭和玻璃失透是当前研究中的主要障碍,此外,在玻璃中整体重掺镧系离子还存在成本问题。例如,氟化物玻璃在具有较大的镧系离子溶解度、较低声子能和较高的透光率等优点的同时,却面临玻璃化能力低、化学稳定性差以及难于成形等本质困难。

微晶玻璃是由玻璃的控制晶化制得的多晶固体材料。基于微晶玻璃的特殊工艺,通过对 F/O 比例的设计,调整玻璃网络结构、玻璃化能力和玻璃稳定性,控制析出氟化物纳晶,并在晶体中实现镧系离子的重掺,就可以得到综合晶体与玻璃、氟化物与氧化物四者优点的氟氧化物微晶玻璃,达到同时解决高效、发光波段、可调和、透明度好等难题。

为了开发兼具氟化物和氧化物优点的离子掺杂上转换基质材料,Auzel 等人早在 1975 年就研究并报道了一种部分晶化的镧系离子掺杂上转换材料。这种材料是由玻璃经过热处理得到的,其玻璃基质由氟化物(PbF_2)与一种或几种传统的玻璃形成氧化物(SiO_2,GeO_2,B_2O_3,P_2O_5,TeO_2)混合熔制得到,热处理后其发光效率达到了与 LaF_3:Yb^{3+}/Er^{3+} 和 YF_3:Yb^{3+}/Er^{3+} 相当甚至更高的水平。但是,其析出晶相尺寸约为 10 μm,是不透光的,还不能完全满足使用的要求。直到 1993 年,Wang 和 Ohwaki 报道了第一块氟硅酸盐微晶玻璃,他们制备了名义组分为 $30SiO_2$-$15AlO_{1.5}$-$24PbF_2$-$20CdF_2$-$10YbF_2$-$1ErF_3$(mol%)的玻璃,在 470 ℃下热处理后,获得了含有粒度为 20 nm 大小的立方 $Pb_xCd_{1-x}F_2$ 微晶相的透明微晶玻璃。该微晶玻璃中 Er^{3+} 分别在 380 nm 和 520 nm 处的两个超灵敏跃迁吸收较晶化热处理前大大增强,并且从 972 nm 到 546 nm,660 nm 有效的上转换比未处理的玻璃强 100 倍,强度与 BaY_2F_8:Yb^{3+}/Er^{3+} 单晶上转换材料相当,他们认为这是由于 Er^{3+} 掺入了萤石结构的晶体所造成的。近十多年来,各国研究者竞相对镧系离子掺杂的氟硅酸盐微晶玻璃展开研究,在研究范围和深度上都获得了重要进展。

三、仪器与试剂材料

仪器:梯式析晶炉、差热分析仪、X 射线衍射分析、F-4500 荧光光谱仪。
试剂材料:玻璃原料。

四、实验步骤

氟硅酸盐透明发光微晶玻璃的制备流程如图 57.4 所示。本实验的玻璃基质名义组分为：$50SiO_2$-$20Al_2O_3$-$27CaF_2$-$3ErF_3$（mol%）。将原料按配比称量 30 g，于玛瑙研钵中研磨混合约 10 min，然后移入密封干燥的塑料罐混合 30 min 使之充分混合均匀，最后将其转移到加盖刚玉坩埚中，置于已升至约 1400 ℃ 的电炉中进行高温熔制。保温 30 min 后，将坩埚取出，把熔体倾倒至已经准备好的铜板上，并迅速用另一块铜板压制成形，即可得到透明的玻璃样品。为了防止急冷产生的应力使玻璃碎裂，可以在低于 T_g（玻璃化温度）的温度对玻璃样品进行退火处理。

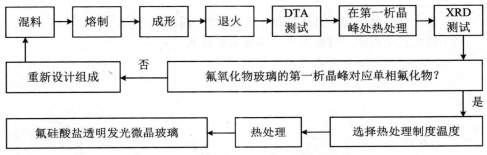

图 57.4　氟硅酸盐透明发光微晶玻璃的制备方案

利用 DTA 测试得到样品的玻璃化温度 T_g 和第一析晶峰温度 T_{C1} 后，将玻璃样品在 T_{C1} 进行保温热处理，再对其进行 XRD 测试分析，就可以验证所制备的氟硅酸盐玻璃的 T_{C1} 是否对应氟化物单相的析出。如果玻璃样品在 T_{C1} 可以析出单相氟化物，则在 T_g 和 T_{C1} 之间的合适温度点对玻璃样品进行保温热处理，就可以实现玻璃基质中氟化物晶体的成核与长大，从而得到含有氟化物纳米晶体的透明氟硅酸盐微晶玻璃；否则，就需要重新设计组成。这里，在制定透明氟硅酸盐微晶玻璃热处理制度的过程中，需要将玻璃样品在选定的 T_g 和 T_{C1} 之间的不同温度点分别进行保温热处理，再对其进行粉末 XRD 测试，并考察样品的失透状况，以确定在哪个温度范围内进行保温热处理可以得到含有氟化物纳米晶体的透明氟硅酸盐微晶玻璃。最后，对玻璃和微晶玻璃样品进行上下表面的抛光后，样品即可进行后续的光谱测试。

实验进度安排如下：第一次实验，进行玻璃的制备与热处理，准备 DTA 样品和XRD 样品；第二次实验，进行 DTA 分析、XRD 分析、上转换发光性能测试与分析。

五、实验结果处理

对测试结果进行处理，可以得到：

（1）玻璃样品的 DTA 曲线，并分析玻璃样品的特征峰温度，如 T_g、T_c 等。

（2）玻璃和微晶玻璃样品的 XRD 图谱，并鉴定各自的物相。

（3）980 nm 半导体激光激发下，玻璃和微晶玻璃样品的上转换发光光谱图，并从微观结构的角度分析造成两者差异的原因。

（4）双对数坐标下，微晶玻璃样品的各上转换发光峰强度随激发光功率的变化规律，根据对式（5）的拟合，可得到 n 值，并推测其上转换发光机制。

（5）写出实验报告，内容包括"引言""实验过程""结果与讨论""结论"4 个部分，按照科技论文的写法对整个实验进行叙述和数据分析，最后对整个实验进行总结。

六、思考题

（1）什么是微晶玻璃？其热处理工艺应该如何制定？

（2）影响稀土离子上转换发光的因素主要有哪些？

实验五十八　玻璃纤维的制备

一、实验目的

（1）了解玻璃纤维的概念、应用、生产工艺。

（2）掌握玻璃纤维的制备方法。

二、实验原理

玻璃纤维，又叫玻璃无机纤维，按其工艺角度可分为纺织玻璃纤维、绝缘玻璃纤维和玻璃纤维特种产品 3 类。纺织玻璃纤维有长丝与短纤维之分，用以加工成中间产品或最终产品，玻璃纤维也叫玻璃棉或玻璃毛。绝缘玻璃纤维主要用于保温、保冷、隔音和防燃。玻璃纤维特种产品有光导纤维、石英纤维和石英玻璃纤维等。

早在 1864 年，G. Parry 就第一个用吹喷法、玻璃拉丝法将高炉渣制成玻璃纤维，此法得到的矿渣棉用作隔热或隔冷材料。但玻璃纤维真正形成现代化工业，要追溯到 20 世纪 30 年代，美国首先发明了用铂坩埚连续拉制玻璃纤维和用蒸汽喷吹玻璃棉的工艺。在此之后，世界各国相继购买它的专利进行生产，使得玻璃纤维工业得到迅速的发展。玻璃纤维最早最重要的应用，是在第二次世界大战期间，采用玻璃纤维增强聚酯制成的雷达罩。发展至今，由于其特殊性能，广泛用于石油、化工、冶炼、交通、电业、电子、通信、航天等工业部门，以及军事工程、民生用品的各个领域。

1950 年，我国玻璃纤维工业才起步，当时只能生产绝热材料用的初级纤维。1955 年后，我国玻璃钢工业发展起来才使玻璃纤维工业得以迅速地发展。

玻璃纤维是由硅酸盐的熔体制成的，各种玻璃纤维的结构组成基本相同，都是由无规则的 SiO_2 网络所组成，玻璃纤维的主要成分是 SiO_2。单纯的 SiO_2 是通过较强共价键相联结的晶体，异常坚硬，熔点高达 1700 ℃ 以上，故加入 $CaCO_3$、Na_2CO_3 等以降低熔点，加热后，CO_2 逸出，因此玻璃纤维中含有 SiO_2、Na_2O 和 CaO。熔融的 SiO_2 冷至熔点以下时，因其黏度非常大，液体流动性能很差，也需加入 $CaCO_3$、Na_2CO_3 等降低其黏度，利于玻璃纤维的形成。此外，还可加入其他一些成分，以达到玻璃纤维的最终用途。所以，SiO_2 构成了玻璃纤维的骨架，加入的阳离子可能位于玻璃骨架结构的空隙中，也可能取代 Si 的位置。

按玻璃纤维成分中有无碱金属氧化物（主要是 Na_2O、K_2O）来划分，可以分为无碱玻璃纤维、中碱玻璃纤维、有碱玻璃纤维和特种玻璃纤维四大类。玻璃纤维的组分不同，其性能差异很大，如碱钙玻羽纤维的抗拉强度为 2500 N/mm^2 左右，而石英玻璃纤维的抗拉强度则高达 24000 N/mm^2。这主要是由于玻璃纤维的强度随着玻璃软化温度的升高而增大。国际标准化组织（ISO）按其性质、用途等将玻璃纤维分别加以命名。

绝缘玻璃纤维主要是 SiO_2、Al_3O_2 两组分并添加助熔剂生产出来。当 SiO_2 含量较高时，所加入的助熔剂含量就较高，其绝缘性能则要低些；当 SiO_2 含量较低时，其助熔剂含量就较低，其耐温性、绝缘性就好得多。

按玻璃纤维的直径粗细不同，有初级、中级、高级、超级玻璃纤维之分，直径越细强度越高。增强材料用的玻璃纤维通常选用中、高级玻璃纤维，其直径一般为 6～15 μm，纤维强度为 980～2940 N/mm^2。

玻璃纤维的外观是光滑的圆柱体，横断面几乎是完整的圆形，这种特性使玻璃纤维之间的抱合力不大，不利于和树脂黏合。纺织玻璃纤维具有各种不同的长度，这些长度是由于加工过程所致，它的制造方法如同人造纤维的制造方法。由于玻璃长丝的扭转刚度非常大，因此，捻系数通常很低。

国内外，因玻璃纤维的种类、用途等不同，其生产的方法有很多，生产工艺都是以全都熔融纺丝法为其特征。制造长丝和短纤维原则上有 3 种方法，即机械拉丝法、离心力拉丝法和流动气体拉丝法，以及 3 种方法中两种方法的组合。机械拉丝法广泛地用于生产玻璃长丝，而生产玻璃短纤维则主要采用离心力拉丝法和流动气体拉丝法。

玻璃纤维的比重为 2.4～2.7，有碱纤维的比重较无碱纤维的小，其平均比重通常定为 2.57。玻璃短纤维用作绝缘材料时，甚至在输送时，由于具有高度的膨松性，因此将其压缩捆包成原体积的 1/2～1/5。当纤维材料组成仅占体积的 5%～8% 时，玻璃纤维的假比重通常为 10～100 kg/m^3。对绝缘材料而言，导热性、孔隙率、回弹能力、耐热性及燃烧性最为重要。孔隙率与纤维的粗细有关，相同的松密度下，导热性随着纤维的变粗而增大，因为这时所包合的空气量减少了。导热系数随着平均温度的上升而增加。随着平均温度的上升，导热系数曲线的最低值向较高的松密度方向移动。绝缘材料多做成毛毡状或将松散的绝缘纤维做填充材料。

玻璃纤维抗拉强度高和伸长率低的特性在工程上应用最为广泛的是增强塑料。增强塑料既无塑料的柔软性，又无玻璃的脆性，其重量仅及钢制品的 1/3～1/5。由于玻璃纤维增强的方式、数量和几何形状（细度、长度、在层压塑料中的排布），以及塑料的选择和变性等，使得增强塑料制品繁多。在德国，纺织玻璃纤维产量有81% 用于塑料和其他材料的增强。在日本，几乎所有的增强塑料都是玻璃纤维增强。用玻璃纤维增强后的聚苯乙烯系塑料，其机械性能、制品的尺寸稳定性，以及耐热、耐低温、耐冲击强度等都有很大的提高,广泛用于汽车部件、家用电器零件、机壳等,用玻璃纤维增强后的聚甲醛广泛地代替有色金属。由于它具有很好的耐磨、减摩性能,主要用于制造传动零件,如轴承、齿轮、凸轮等,电气工业方面用以制作磁带影音机的飞轮轴承,以及其他的精密零件。国外,在玻璃纤维增强塑料基础上开发了一系列产品,如金属化玻璃纤维,其方法是在玻璃纤维增强塑料上镀上镍和铜,起到屏蔽电磁辐射的作用。当今世界,电磁对环境的污染日益,严重地干扰和损害仪器和电子设备的功能,将金属化纤维加入普通玻璃纤维织物而后制成外壳,能有效地防止这种电磁干扰。

玻璃纤维的脆性与其直径的 4 次方成正比,把玻璃纤维直径减小,有利于提高玻璃纤维的柔软性,例如,直径为 3.8 μm 的玻璃纤维,其柔软性比涤纶还要好,所以,用于织造的玻璃纤维一般都是直径低于 20 μm 的长丝。由于玻璃纤维的这种特性,其在织机及编织机上具有较好的加工性能。

玻璃纤维不燃烧,并且有很好的耐热性,其单丝在 200～250 ℃下,强度不会降低,却略有收缩现象。玻璃棉的最高安全使用温度,在单独使用情况下可达 350～400 ℃。通常无碱玻璃纤维的软化点为 840 ℃,中碱玻璃纤维的软化点为 770 ℃,因而玻璃纤维适合于高温下使用,特别是用在高温过滤和防火材料方面。近年来用耐热玻璃纤维制成的织物过滤器在除尘技术领域显示其重要性。这种过滤器在使用中,无须冷却烟道气即可除去其中的灰尘。玻璃布制成的袋式过滤设备或平面过滤器可用于熔炉、化铁炉、转炉、发电厂的除尘设备,以及工作温度在 200～300 ℃之间的水泥工业的除尘设备。另外,玻璃纤维的导热系数仅为 125 J/h,因而它常用于管道和容器的隔热,以及成形件的绝缘壳。

在绝缘、防热、增强和过滤等材料方面,玻璃纤维已在很大程度上取代了石棉。石棉是纤维状的矿物质,它的热稳定性好、耐腐蚀性强、电绝缘性好和抗张强度高,但它对人体的健康是有害的。石棉已被美国、欧共体等列入有毒有害物质之列,对其收集分类、运输和处理等实施了法令管理,并研究开发一系列产品来替代石棉。玻璃纤维制品的性能优于石棉,特别是对人体的健康无害,即使是从事玻璃纤维生产的工人,也不会刺激呼吸器官或导致石夕肺病,因此其前景是广阔的,但价格相对较高些。

玻璃纤维的吸湿性低,在相对湿度为 65% 时,吸湿仅为 0.07%～0.37%,因而在建筑仓储中运用很广泛。室外用毡布或简易仓库,在难燃性要求很高的场合,以无碱玻璃纤维布为底布,并用氯乙烯树脂进行整埋,以达到防火防水的目的。在层面织物方面,玻璃长丝制织的织物,因玻璃纤维的毛纲管作用,完全浸透在沥青或改良的沥青中,形成几乎不能用机械方法分开的化合物,可以用作容器和管道的防水和防腐。

三、实验仪器与试剂材料

仪器:静电纺丝机、马弗炉。

试剂材料:离子水、乙醇、稀盐酸、四乙氧基硅烷、磷酸三乙脂、硝酸钙、硝酸钠、聚乙烯吡咯烷酮。

四、实验步骤

(1) 去离子水与乙醇溶液按照 1:4 的摩尔比配制,混合均匀后添入 1 mol/L 浓度的稀盐酸,调节 pH 在 2.5,将四乙氧基硅烷:磷酸三乙脂:硝酸钙:硝酸钠按照 11:2:5:2 的摩尔比混合加入溶液中水解反应 2 h,然后在 60 ℃温度下放置陈化 2 h,使凝胶液初步形成玻璃网络结构,然后将凝胶液与聚乙烯吡咯烷酮按质量比 100:30 混合,调节黏度至 3.7 Pa·s,得到玻璃溶胶-凝胶液。

(2) 选用 1 mm 喷口直径,电压设置为 20 kV,玻璃溶胶-凝胶液流速为 0.1 mL/min,接收距离为 10 cm,进行静电纺丝,采用滚轮法方式,转速为 50 r/min,初生纤维通过滚轮牵引拉伸,实现单向排布,形成单向无纺纤维毡。

(3) 将单向无纺纤维毡置于陶瓷坩埚中,在马弗炉内以 10 ℃/min 的升温速率,从室温升至 850 ℃,并保温 2 h,冷却后得到连续形态玻璃纤维毡。

五、样品表征

(1) 测试玻璃纤维的直径等外观尺寸。
(2) 测试玻璃纤维的拉伸强度、杨氏模量。

六、思考题

(1) 玻璃纤维表面处理技术有哪些?
(2) 如何对玻璃纤维进行染色?

实验五十九　磁控溅射法制备镀膜玻璃

一、实验目的

（1）了解磁控溅射设备的构造和使用原理。

（2）掌握磁控溅射法制备镀膜玻璃的方法和原理。

二、实验原理

磁控溅射是使在气体等离子体（或辉光放电，如图59.1所示）中形成的离子加速向靶冲击的动力传递过程，等离子体由导入真空系统的氩气、氧气、氮气或其他气体电离构成。离子能量主要来自加在靶表面直流电压的负极，这些能量再分配给靶材表面的原子，使一些获得了足够能量的原子从靶体表面逸出。能量传递的效率与离子和靶材原子的相对质量有关，原子逸出靶材表面所需的能量取决于靶材蒸发的潜在热量。在由氧或氮作工作气体的反应溅射中，由于需要能量破坏化学键，溅射效率要相对低得多。溅射量，即蜕变离子所产生的溅射原子数，它可以通过若干不同金属对应离子能量来予以描述。通过溅射来轰击材料并不是十分高效的工艺，大多数的能量转变成热量而被靶材吸收，因此需要水冷以防止靶材金属弯曲或熔化。尽管如此，在很大面积的玻璃上沉积薄而均匀的叠层，溅射工艺依然是非常理想的。既然溅射速率依赖于有效离子量，因此人们希望等离子体尽可能浓密。为了得到密度最大的等离子体，人们借助于互感电（E）磁（B）场（"EB"）。磁体摆放的位置要使磁场的方向平行于靶平面，磁场由位于靶后面的磁体（永久磁铁）产生（图59.2）。

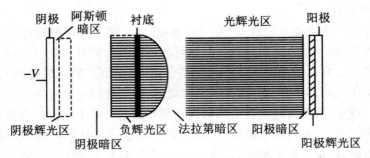

图 59.1　辉光放电示意图

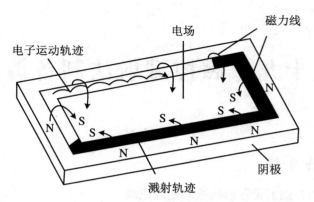

图 59.2　磁控溅射靶材表面的磁场及电子运动的轨迹

由加到阴极上的电压所形成的电场与磁场正交,等离子体中的电子在电场作用下加速飞离阴极,这样在经过磁场时,将受到一个垂直于电场和磁场力的作用。电子在该力的作用下在磁场中做圆周运动,每飞行一圈,电子都要从磁场中获得能量。同时,电子也可能与气氛原子甚至溅射出的原子发生碰撞,这时,这些原子将被电离。每发生一次碰撞就会产生更多的离子,从而获得更高的溅射速率。这个溅射效率上的关键技术的提高使得镀膜玻璃生产效率得到很大提高。因此,磁控溅射镀膜中优化磁场配置以获得最大离子量是非常重要的。

三、实验仪器与试剂材料

仪器:磁控溅射镀膜仪。

试剂材料:玻璃基片、盐酸、碳酸钠、去离子水。

四、实验步骤

1. 准备试样

人工检验玻璃基片,选择质量合乎要求的,先后进行酸洗、碱洗、水洗及干燥,将洗净吹干的基片装入装片框,每架装一片。

2. 测试过程

将装片框沿轨道推入溅射室,关闭溅射室门后,按照规定的程序进行抽真空、预溅射及溅射,每一基片的前面装有一组可移动的溅射阴极及靶材,在溅射室的末端平行于基片处有一预溅射板,移动式阴极停于其前面。当溅射室到达规定的真空后通入工作气体,向阴极通电,即开始预溅射,由于此时溅射室杂质较多,且溅射粒子的能量较小,因此让这些粒子溅射到预溅射板上废弃不用。当电流密度、电压强度达到设定值后,此时离子的能量、溅射粒子的能量已达到要求,移动式阴极由传动装置带动,在基片前面移动,每移动一遍,即在基片上镀上一层膜,然后复位到预溅射板前面。移动式阴极是一个阴极组,其上装有膜层所需各种膜材及相应数量的阴极,阴极组复位至预溅射板前面之后,即通电至阴极组的第二个阴极,当电流密度、电压强度达到设定值后,再次在基片前面移动一遍,再镀上一层膜。如此镀上三层膜,然后溅射室停止抽真空,并接通大气,在室内压力与大气压相等时将溅射室门打开,人工将装片框自溅射室拉出。

五、思考题

(1) 镀膜玻璃的生产方法主要有几种?

(2) 磁控溅射法生产镀膜玻璃的优点有哪些? 缺点有哪些? 如何克服?

实验六十　刻蚀法制备具有减反增透和超疏水性质的玻璃表面

一、实验目的

（1）掌握玻璃的刻蚀机理及超疏水表面的改性方法。

（2）掌握刻蚀玻璃的表征方法。

（3）掌握超疏水、高反射玻璃的制备方法。

二、实验原理

透光性和表面润湿性是材料的两个重要特性，其在防水、防雾、自清洁以及透光等方面有着重要的应用价值。在显示玻璃屏的制作环节中，玻璃基板的减薄化处置是确保该工艺完成的重要环节，玻璃减薄效果的好坏将直接影响产品的质量，主要方法有层层自组装法、化学刻蚀法、喷涂法、旋涂法和提拉法等。

玻璃基板的透明性在许多光学和电子器件的性能中起着重要的作用，用热碱溶液在玻璃表面"雕刻"出一种高性能的宽范围抗反射层，通过改变玻璃基板的原始成分和刻蚀时间，可以控制其形貌、成分、表面和光学性能。

玻璃的腐蚀机理主要为水化水解、离子交换、网络重建。在大多数玻璃结构中，都存在空隙，但是没有足够大到让水分子渗透进表面，所以水解反应可能伴随着一种网状溶解物，通过释放可溶于水的物质而溶解 $Si(OH)_4$ 进入溶液中，留下较大的空隙等待进一步反应，如化学方程式（2）所示。在碱性溶液中，OH^- 浓度较高，反应向右进行。离子交换是玻璃改性剂阳离子（Na^+，K^+，Ca^{2+} 等）与来自水的质子 H_2O 和/或 H_3O^+ 的交换，如化学方程式（3）、（4）所示。通过离子交换生成的硅烷醇基团（Si—OH），可以通过脱水浓缩成 Si—O—Si 网络，聚集胶态二氧化硅颗粒，称为网络重建。刻蚀玻璃从水解反应开始，打开了离子交换通道，为离子交换反应提供空隙，允许水和离子进入玻璃。刻蚀倾向于发生在修饰离子附近的区域和修饰离子较多的区域，可以形成更多的蚀刻通道。

$$Si—O—Si + H_2O \longrightarrow Si—OH + OH—Si \tag{1}$$

$$Si—O—Si(OH)_3 + OH^- \longrightarrow Si—O—Si(OH)_4^- \longrightarrow Si—O^- + Si(OH)_4 \tag{2}$$

$$Si—OR + H_3O^+ \longrightarrow Si—OH + R^+ + H_2O \tag{3}$$

$$Si—OR + H_3O^+ \longrightarrow Si—OH + R^+ + OH^- \tag{4}$$

本实验通过简单的一步水热碱性刻蚀,然后经低表面能物质 1H,1H,2H,2H-全氟辛基三乙氧基硅烷修饰具有超疏水性质和高透光率的玻璃。刻蚀温度和刻蚀时间对玻璃润湿性和透光性具有一定的影响,随着刻蚀温度的升高或刻蚀时间的增长,玻璃表面的疏水性越好,在所考察的刻蚀温度和刻蚀时间范围内,随着刻蚀温度升高或刻蚀时间增长,样品的透光率先增大后减小。在 120 min,85 ℃实验条件下,玻璃表面接触角为 152°,最大透光率达 98.1%(537 nm)。

三、实验仪器与试剂材料

仪器:紫外-可见光谱仪(TU-1901),紫外-可见-近红外光谱仪(Varian Cary 5000,Varian),JC2000 接触角/界面测量仪,反应釜。

试剂材料:规格为 7.5 cm×2.5 cm×0.1 cm 的玻璃片(帆船牌),氢氧化钠,乙醇,丙酮,1H,1H,2H,2H-全氟辛基三乙氧基硅烷(POTS,97%)。

四、实验步骤

1. 玻璃刻蚀

首先将玻璃片用超纯水:乙醇:丙酮(体积比 1:1:1)的混合溶液超声洗涤 30 min,氮气吹干后,放入盛有 5 g/L NaOH 溶液的不锈钢反应釜的聚四氟乙烯内胆中,密封反应釜。然后在 85 ℃温度下加热 100 min,可以考察不同刻蚀温度和时间对玻璃润湿性和透光率的影响。最后将刻蚀过的玻璃片分别用超纯水和乙醇清洗干净,氮气吹干,备用。

2. 疏水化修饰

将刻蚀过的玻璃片放入反应釜中,在容器底部滴入 20 mL POTS 后密封,然后放入烘箱中,在 120 ℃条件下加热 2 h 之后敞开反应釜,在 150 ℃加热 90 min 除去未反应的 POTS。

五、材料的表征

(1)测试刻蚀前后玻璃片的 XRD 图谱。
(2)测试刻蚀前后玻璃片的红外光谱图。
(3)测试刻蚀前后玻璃片的接触角。

六、思考题

(1)本实验制备的玻璃具有超疏水性的原因是什么?
(2)制备具有高反射玻璃的方法有哪些?

实验六十一 喷雾干燥法制备生物玻璃微球

一、实验目的

（1）掌握喷雾干燥机的工作原理及使用方法。
（2）掌握生物玻璃微球的制备方法。
（3）掌握生物玻璃微球的表征方法。

二、实验原理

生物玻璃（Bioglass，BG）是能实现特定的生物、生理功能的玻璃，为 CaO-SiO_2-P_2O_5 体系，其主要成分 Na_2O 约占 45%，CaO 约占 25%，SiO_2 约占 25%，P_2O_5 约占 5%，若添加少量其他成分，如 K_2O、MgO、CaF_2、B_2O_3 等，则可得到一系列有实用价值的生物玻璃。生物玻璃的机械强度低，只能用于承力不大的体位，如耳小骨、指骨等的修复。将生物玻璃涂敷于钛合金或不锈钢表面，在临床上可制作人工牙或关节。生物玻璃植入人体骨缺损部位，能与骨组织直接结合，起到修复骨组织、恢复其功能的作用，具有良好的生物活性和骨传导能力，在骨组织修复领域被广泛研究与应用。

生物玻璃粉体的制备方法主要有熔融法、溶胶凝胶法、喷雾干燥法等。传统熔融法在 1400 ℃左右高温下熔制，制备生物玻璃粉体具有能耗大、粉体形貌不可控、生物活性相对较低等不足。粉体均化后浇注到不锈钢模具中成形，退火后即得到其制品。由于生物材料的特殊要求，制备生物玻璃须采用高纯试剂做原料，以铂坩埚为容器，尽可能减少杂质混入。溶胶凝胶法制备生物玻璃粉体则存在需大量溶剂、制备周期长、不易量产等缺点。

喷雾干燥是一种快速加热和冷却的连续过程。在制备微球方面，喷雾干燥法具有耗时短、可批量生产、干燥过程还能方便调节微球大小和形状等优点。采用溶胶-凝胶法结合喷雾干燥可快速制备出平均孔径为 6 nm、比表面积为 260 cm^2/g 的球形 BG 颗粒。采用三嵌段表面活性剂（P123）、正硅酸四乙酯、磷酸三乙酯、四水硝酸钙和乙醇溶剂混合后雾化干燥，可以制备出球形介孔 BG 微球，颗粒粒径为 1 nm～1 mm。

本实验以水溶液为溶剂，以正硅酸四乙酯、磷酸三乙酯、四水硝酸钙为原料，采用喷雾干燥前驱体溶液方法制备生物玻璃微球,可以调节喷雾干燥过程中进气风量、前驱体溶液浓度、进料速率等工艺参数对生物玻璃微球粒径的影响。BG 微球的粒径范围在 40 μm 以下可控,且粒径随前驱体溶液浓度增大而增大,随进气风量增大而减小,进料速率则对微球粒径影响较小。

三、实验仪器与试剂材料

仪器:YC-1800 实验室低温喷雾干燥机、高温炉、X 射线衍射仪、红外光谱仪。

试剂材料:硝酸(HNO_3,≥68%)、正硅酸四乙酯(TEOS,98%)、磷酸三乙酯(TEP,99.8%)、氯化钠(NaCl,99.5%)、碳酸氢钠($NaHCO_3$,99.8%)、氯化钾(KCl,99.8%)、磷酸氢二钾($K_2HPO_4 \cdot 3H_2O$,99%)、氯化镁($MgCl_2 \cdot 6H_2O$,98%)、盐酸(HCl,36%~38%)、氯化钙($CaCl_2$,96%)、硫酸钠(Na_2SO_4,99%)、三羟基氨基甲烷($NH_2(CH_2OH)_3$,99%)、硝酸钙($Ca(NO_3)_2 \cdot 4H_2O$,99%)。

四、实验步骤

1. 制备不同质量分数的前驱体溶液

室温下,取 4 个烧杯,分别加入用硝酸调节 pH 为 2 的水溶液 670 g、200 g、105 g、65 g,接着往每个烧杯中分别加入 26.8 g 的 TEOS 并磁力搅拌至溶液透明澄清,然后将 2.92 g 的磷酸三乙酯加入上述澄清溶液并搅拌 30 min,最后加入 5.6 g 的四水合硝酸钙(CaNT)并搅拌 20 min,得到澄清的前驱体溶液备用,配制的前驱体溶液的质量分数分别为 5%、15%、25%、35%。

2. 喷雾干燥法制备生物玻璃微球

采用 YC-1800 实验室低温喷雾干燥机,设置仪器的循环率为 100%,进口温度为 220 ℃,前驱体溶液浓度为 5 wt%、15 wt%、25 wt% 和 35 wt%,进气风量为 283 L/h、439 L/h、667 L/h 和 1052 L/h,进料速率为 1.5 mL/min、3 mL/min、4.5 mL/min 和 6 mL/min。将不同喷雾干燥工艺条件下收集得到的微球置于马弗炉中,从室温以 2 ℃/min 的速率升温至 700 ℃ 并保温 5 h,自然冷却得到生物玻璃微球。

五、材料的表征

(1) 对生物玻璃微球的物相进行 XRD 分析。
(2) 对生物玻璃微球的微观形貌进行 SEM 分析。
(3) 对生物玻璃微球的红外光谱进行分析。

六、思考题

(1) 如何控制生物玻璃微球的尺寸?
(2) 生物玻璃微球可应用到什么方面?

实验六十二　溶胶-凝胶法制备 SiO₂ 透明超疏水涂层

一、实验目的

(1) 掌握透明超疏水涂层的制备方法。

(2) 掌握超疏水涂层的表征方法。

二、实验原理

超疏水表面具有自清洁性、防污特性、疏水、疏油、低摩擦系数等很多独特的表面性能,具有巨大的应用价值。疏水表面的自清洁玻璃,可以减少空气中灰尘等污染物的污染,在高湿度环境或者雨天保持透明度。

本实验采用溶胶-凝胶法在表面粗糙度和光学透过率之间取得一个合适的平衡点,在透明基底上制备超疏水表面。采用 Stöber 法,制备出粒径可控、尺寸均一的 SiO₂ 溶胶,通过不同尺寸溶胶粒子的合理组合,得到微观结构上具有二元粗糙层次的粗糙表面。采用提拉法将载玻片透明基底在十八烷基三氯硅烷、四氢全氟癸基三氯硅烷、硬脂酸等的低表面能物质中,提拉涂膜,采用浸泡法等方法对制备的涂层进行表面修饰,得到超疏水表面涂层。

三、实验仪器与试剂材料

仪器:提拉镀膜机、烘箱、接触角测定仪、红外光谱仪、X 射线衍射仪。

试剂材料:氨水、正硅酸乙酯、磷酸、浓硫酸、H₂O₂、硬脂酸、正己烷、十八烷基三氯硅烷。

四、实验步骤

1. SiO₂ 溶胶的制备

采用 Stöber 法制备 SiO₂ 溶胶,其二氧化硅粒子粒径可控、尺寸均一,典型的制备过程如下:将 3 mL 25% 氨水加入 50 mL 无水乙醇中,搅拌 10 min 充分混合均匀,搅拌条件下逐滴加入 3 mL 正硅酸乙酯,加完继续搅拌 2 h,得到稳定的包含尺寸较均一的纳米 SiO₂ 粒子的溶胶。

2. 载玻片的预处理

将载玻片浸入新鲜配制的磷酸水混合液(质量比 50∶50)或热 Piranha 溶液

(98%浓硫酸：30% H_2O_2 ＝7∶3)中,处理 60 min。到预定时间后取出,用大量去离子水洗净,氮气吹干或放入 60 ℃ 烘箱中烘干待用。

3. 提拉涂膜

将处理好的载玻片浸入溶胶中,30 s 后用自制提拉涂膜机以 2～3 mm/s 的速度拉出,室温下静置 10 min,重复上述过程,进行二次或多次提拉涂膜,涂膜结束后放入 60 ℃ 烘箱干燥 24 h。所制备的载玻片样品在正反两面均有涂层。

4. 表面修饰

将涂膜干燥的载玻片样品浸入 10 mmol/L 硬脂酸的正己烷溶液,24 h 后取出,用正己烷反复冲洗,60 ℃ 烘干,即得到样品。或将涂膜干燥的载玻片样品浸入 5 mmol/L 十八烷基三氯硅烷的正己烷溶液,2 h 后取出,用正己烷反复冲洗,60 ℃ 烘干,即得到样品。

五、材料的表征

(1) 采用表面接触角测试仪测定超疏水涂层的水的接触角,判定超疏水涂层的润湿性能。

(2) 采用红外光谱仪测试超疏水涂层的功能基团。

(3) 采用 X 射线衍射仪测试超疏水涂层的表面结构。

六、思考题

(1) SiO_2 薄膜具有超疏水性的机理是什么?

(2) 玻璃镀膜的方法有哪些?

实验六十三　溶胶-凝胶法制备介孔生物活性玻璃及表征

一、实验目的

(1) 掌握溶胶-凝胶法制备生物活性玻璃的方法。

(2) 掌握药物包封及缓释性能测试方法。

(3) 掌握样品表征方法。

二、实验原理

生物活性玻璃的主要成分有二氧化硅、氧化钙和氧化磷。生物活性玻璃植入人体后,会在人体环境中发生表面化学反应,在其表面形成无机矿物质成分羟基磷灰石,进而与骨表面形成坚固的化学键合,并诱导骨形成,有利于骨修复。此外,生物活性玻璃在体内释放不同的离子,如硅、钙、磷等离子可以在基因水平上调节相关成骨细胞,促进骨细胞的成长。生物活性玻璃作为骨组织修复和代替的生物医学材料已经成为国际生物医学材料界的重要研究部分。

溶胶-凝胶法是制备硅酸盐类化合物的一种常用方法,可在酸性或碱性条件下引发,实现了生物活性玻璃组分、形貌、结构的可调控。近些年,科学家利用模板法,制备出尺寸可控、单分散性好的生物活性玻璃,广泛应用于骨组织工程、载药载体系统。虽然该法制备的生物活性玻璃单分散性好,但多为致密的实心结构,限制了生物活性玻璃在载药方面的应用和发展。为解决生物活性玻璃的团聚、单分散性差、载药率低的问题,由于树枝状介孔生物玻璃不仅比表面积大及具有三维开放树枝状孔道独特结构,而大大增加了其载药量,同时也具有较好的形貌,所以设计构建高比表面积的树枝状介孔生物活性玻璃成为当前的方向。

本实验采用操作简单、成本低、周期短的溶胶-凝胶法来制备单分散性好、比表面积大及具有三维开放树枝状孔道独特结构的生物活性玻璃,其作为一种新型药物载体,在癌症治疗和骨修复等医学领域具有巨大应用潜力。

三、实验仪器与试剂材料

仪器:集热式恒温加热磁力搅拌器、冷冻干燥机、高温炉、X 射线衍射仪、傅里叶变换红外光谱仪、纳米粒度分析仪、全自动比表面积及孔径分析仪、紫外可见分光光度计。

　　试剂材料:十六烷基三甲基溴化铵(CTAB)、三乙醇胺(TEA)、乙醇、环己烷、正硅酸乙酯(TEOS)、四水硝酸钙(CaNT)、磷酸三乙酯(TEP)、盐酸阿霉素(DOX)、磷酸缓冲液(PBS)。

四、实验步骤

1. 制备介孔生物活性玻璃

　　将 3.6 g CTAB、200 mg TEA 和 36 mL 的超纯水置于 250 mL 三口烧瓶中,磁力搅拌至澄清,在一定温度(40 ℃、60 ℃、80 ℃)下缓慢加入 TEOS 和环己烷的混合溶液 70 mL(TEOS 与环己烷的体积比为 1∶19),搅拌 8 h 时加入 0.6325 g CaNT,搅拌 9 h 时加入 0.051 mL TEP,继续反应 12 h,形成溶胶。将溶胶用乙醇、超纯水分别交替洗涤离心至上清液澄清,冷冻(-45 ℃)干燥 72 h,得到白色固体,将其在600 ℃下高温煅烧 3 h,制备得到树枝状介孔生物活性玻璃。

2. 载药量与包封率的测定

　　称取 20 mg 介孔生物活性玻璃超声分散于 10 mL 的 PBS 中,加入 10 mL 质量浓度为 1 g/L 的 DOX 到 PBS 溶液中,室温避光磁力搅拌 24 h。将混合溶液离心,分别用 PBS 和超纯水先后清洗数次得到 RMBG2 的载药复合物,并根据下式计算RMBG2 的载药量和包封率:

$$LC\% = \frac{M_0 - M_1}{m} \times 100$$

$$EE\% = \frac{M_0 - M_1}{M_0} \times 100$$

式中:

　　LC——载药量,%;

　　EE——包封率,%;

　　M_0——初始药物质量,mg;

　　M_1——上清液中的药物质量,mg;

　　m——负载剂的质量,mg。

3. 载药及释药实验

　　精确称取 2 mg DOX,分别溶解在 2 mL pH＝7.4、5.0 的 PBS 缓冲溶液中,待完全溶解后稀释至不同的浓度,测定 480 nm 处溶液的吸光度,得到 DOX 标准曲线。pH 为 5.0 时的标准曲线方程为 $y = 17.112x + 0.0393$,$R^2 = 0.9995$;pH 为7.4 时的标准曲线方程为 $y = 16.908x + 0.0117$,$R^2 = 0.9993$。

　　称取 5 mL 载药后的样品,分别溶解在 5 mL 的 pH＝7.4 和 5.0 的 PBS 缓冲溶液,取 2 mL 于透析袋中,将透析袋分别置于 18 mL 的 pH＝7.4、5.0 的 PBS 缓冲溶液,在特定时间(0.5 h、1 h、2 h、4 h、8 h、12 h、24 h、36 h、48 h、72 h、96 h)取1 mL 缓释液,并用相应 pH 的 PBS 补齐,用紫外分光光度计测定其吸光度,并计算累积释药量。

五、材料的表征

（1）在 X 射线衍射仪上测试树枝状介孔生物活性玻璃的 XRD 图谱。

（2）测试样品的氮气吸附脱附曲线。

（3）测试包封前后样品的红外光谱图。

（4）计算样品的包封率和缓释率。

六、思考题

（1）介孔和微孔的区别是什么？

（2）介孔生物活性玻璃有什么特性？

参 考 文 献

［1］ 中华人民共和国国家建筑材料工业局. 硅质玻璃原料化学分析标准：JC/T 753-2001
［S］.北京：中国标准出版社，2001.

［2］ 中华人民共和国国家质量监督检验检疫总局. 锑及三氧化二锑化学分析方法三氧化
二锑量的测定碘量法：GB/T 3253.8-2009［S］. 北京：中国标准出版社，2009.

［3］ 中华人民共和国国家市场监督管理总局. 玻璃颗粒在98℃时的耐水性试验方法和分
级：GB/T 6582-2021［S］.北京：中国标准出版社，2021.

［4］ 中华人民共和国国家质量监督检验检疫总局. 玻璃平均线热膨胀系数的测定：GB/T
16920-2015［S］. 北京：中国标准出版社，2015.

［5］ 中华人民共和国国家建筑材料工业局. 玻璃原料粒度测定方法：JC/T 650-1996［S］.
北京：中国标准出版社，1996.

［6］ 中华人民共和国国家质量监督检验检疫总局. 玻璃容器抗机械冲击试验方法：GB/T
6552-2015［S］. 北京：中国标准出版社，2015.

［7］ 中华人民共和国国家市场监督管理总局. 玻璃材料弹性模量、剪切模量和泊松比试
验方法：GB/T 37780-2019［S］. 北京：中国标准出版社，2019.

［8］ 程汝林. 气泡玻璃的生产方法［J］. 技术与市场，2007(10)：14.

［9］ 刘新年，赵彦钊. 玻璃工艺综合实验［M］. 北京：北京工艺出版社，2005.

［10］ 赵彦钊，殷海荣. 玻璃工艺学［M］. 北京：化学工艺出版社，2010.

［11］ 钱斌，梁晓峰，杨世源，等. 镧铁磷酸盐玻璃结构的拉曼光谱分析［J］. 无机化学学报，
2013,29(2)：314-318.

［12］ 陈兰武. 玻璃硅质原料粒度检测方法的探讨［J］. 玻璃，2011,38(1)：6-9.

［13］ 侯冬岩，回瑞华，朱永强，等. 两种方法提取芦荟花中挥发性化学成分的气相色谱-质
谱分析［J］. 质谱学报，2003(4)：456-459.

［14］ 崔彩娥，缪强，潘俊德. 薄膜与基体间的附着力测试［J］. 电子工艺技术，2005(5)：
294-297.

［15］ 黄佐华，何振江. 测量薄膜厚度及其折射率的光学方法［J］. 现代科学仪器，2003(4)：
42-44.

[16] 胡亚萍,田正芳,朱敏,等. 喷雾干燥可控制备生物玻璃微球及其体外生物活性研究[J].无机材料学报,2020,35(11):1268-1276.

[17] 李彤,贺军辉. 刻蚀法制备具有减反增透和超疏水性质的玻璃表面[J]. 科学通报,2014,59(8):715-721.

[18] 史明辉. 溶胶-凝胶法制备透明超疏水涂层[D]. 上海:上海交通大学,2008.

[19] 王承遇,陶瑛,谷秀梅,等.玻璃表面装饰[M]. 北京:国防工业出版社,2011.